中公新書 2419

JN230180

本川達雄著

ウニはすごい バッタもすごい

デザインの生物学

中央公論新社刊

はじめに

本書では、さまざまな動物の世界を紹介したい。動物というとどうしてもわれら人類の仲間である脊椎《せきつい》動物に目がいきがちになるものだが、本書では、おもに無脊椎動物（背骨をもたない動物）について紹介する。現在知られている動物の種《しゅ》の数はおよそ一三〇万。脊椎動物は約六万種だから全体の五パーセント以下で、大半の動物は無脊椎動物なのである。その厖大《ぼうだい》な無脊椎動物の世界を紹介していきたい。そして本書の最後に、それらと比較して、われわれ脊椎動物がどのようなものなのかを見ることにする。

無脊椎動物にはさまざまなものがいる。それらのうち、体のつくりの似たもの同士をまとめて大まかなグループに分けると、動物は三四の門に分けられる（「門」とは、大まかなグループ分けの単位）。三四のうちには貝の属している軟体《なんたい》動物門や、ヒトデの属している棘皮《きょくひ》動物門などがあり、われわれ脊椎動物は、脊索《せきさく》動物門という門の中の一群ということになる。

門が三四もあるということは、体のつくりの異なった動物たちがそれだけいることを示している。体のつくりには、住んでいる環境、生き方、その動物の歴史などが反映されている。体のつくりの異なる動物たちは、生きていくそれぞれの場面で、どうふるまえばいいのかも、何を求めるのがいいのかも異なっているだろう。求めるものが違うとは、価値ありとするものが、動物により違うということ。価値観が違う。そして住んでいる環境も違うとすれば、異なる動物それぞれは他と異なる独自の世界をもっていると言えるのではないか。それらさまざまな動物のもつ世界を読み解くのが動物学者の仕事だと信じ、四〇年近く彼らと付き合ってきた。その姿勢で本書を書き進めていくことにする。

この小著で三四の門すべてを紹介することはできない。代表的な五つの門（刺胞《しほう》動物門、節足《せっそく》動物門、軟体動物門、棘皮動物門、脊索動物門）を取り上げる。じつはこれらのうち、節足動物門以外は、私が研究対象としたことのあるもので、強い思い入れがある（節足動物にも、学生実験では大いに御世話になった）。どの動物たちも他とは異なる体のつくりをもち、他とは異なる生き方をしながら繁栄しているものたちである。そんな独自の世界を可能ならしめている基礎は、彼ら独自の体のつくりにあると、実験をしながら実感した。そこで、彼らの体のつくりの違いを中心に、それぞれの独自で多彩な動物たちの世界を紹介していきたい。

目　次――ウニはすごい　バッタもすごい

第1章　サンゴ礁と共生の世界――刺胞動物門

まずサンゴから話を始めよう。私は若い頃沖縄で研究しており、サンゴには思い入れがあるからだ。

サンゴは動物である。ただし体内に大量の植物（藻類《そうるい》）を共生させており、藻類とのたぐいまれな共生が、サンゴ礁《しょう》という、この世のものとも思えぬほど美しく多彩な世界をつくりあげている。ここでのキーワードは「共生」と「リサイクル」。どちらも現代人にとって重要なものだろう。

サンゴ礁に関わる現代的なキーワードはまだある。「生物多様性の減少」と「地球温暖化」。サンゴ礁は熱帯雨林とならび、きわめて生物多様性が高いが、どちらの生態系においても、現在、大変な速度で生物多様性の減少が進んでいる。そしてサンゴ礁での生物多様性を減少させている主な原因の一つが地球温暖化。生物多様性の減少も地球温暖化も、早急に解決に向けて取り組むべき課題であり、そのこともあって、サンゴとサンゴ礁から、本書を始めることにしたい。

刺胞動物門

4綱《こう》31目《もく》、約9000種（日本には約1800種）。主に海産、淡水にも少数の種が住む。

1　花虫《かちゅう》綱（イソギンチャク、サンゴ　5300種）

2　鉢虫《はちむし》綱（クラゲ　200種）

3　ヒドロ虫《ちゅう》綱（ヒドラ、カツオノエボシ　3400種）

4　箱虫《はこむし》綱（ハブクラゲ　20種。刺胞の毒が強い）

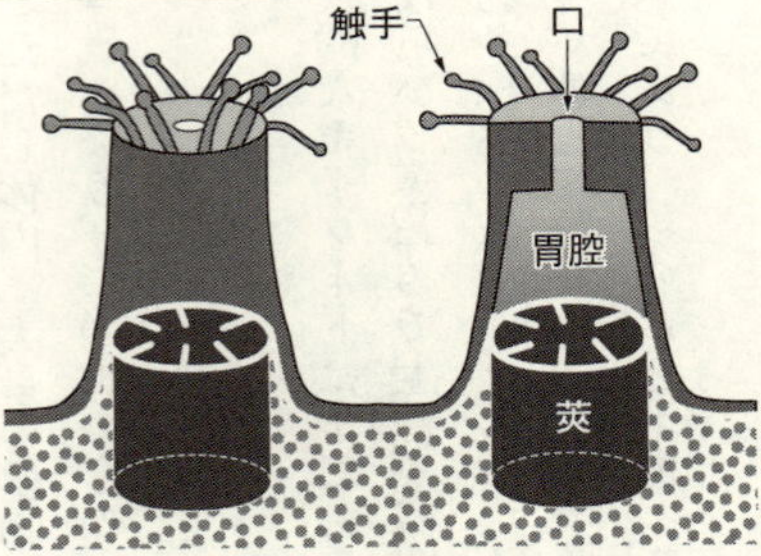

1－1　**サンゴのポリプ**　右は中央から切って手前を取り除き、中の胃腔を示したもの。サンゴはイソギンチャクのごく近い親戚で、どちらのポリプも磯にいる巾着袋のような形をしている。すなわち、上に口があり、中はがらんどうの胃腔。ポリプの下にはポリプが分泌した石灰質の外骨格があり、これには穴（莢〔キョウ〕）があいている。胃腔の中に餌を飲み込んで消化するとともに、この中に海水を吸い込んでポリプはふくれあがっている。海水を吐き出せば袋は折りたたまれ、莢の中に隠れることができる（莢〔さや〕として働くので莢）

サンゴ礁をつくるサンゴは、造礁サンゴの仲間であり、これはクラゲやヒドラなどと同じ刺胞動物門に属する動物である（門や綱についてはコラムを参照）。サンゴは刺胞動物の中でも、とくにイソギンチャクと近縁である。イソギンチャクもサンゴも、一個の個体をポリプと呼ぶが、ポリプの形はどちらもそっくり。イソギンチャクが、ポリプのまわりに石のコップをつくり、その中に住んでいるものがサンゴだと思えばいい。ポリプは円筒形をしており、円筒形の下面で岩などに固着し、上面には口があって、そのまわりに触手という伸び縮みする細い手が何本も生えている（図1—1）。触手を伸ばすとちょうど花が開いたように見えるため、この仲間は花虫綱と呼ばれている。

†コラム　サンゴの分類学上の位置

ここで動物の分類について基礎的な知識を述べておこう。生物分類学の父と呼ばれているのがカール・フォン・リンネ（一七〇七〜七八）。彼は形がどれだけ似ているかを基準にして生物を分類した。互いに圧倒的に似ているもの同士を同じ種《しゅ》とした。種が分類の最小単位である。そして類似の度合いをもとに異なる種同士の関係を求め、生物全体を、いくつもの階層をもつグループに整理した。

このやり方は現在でも踏襲されている。ただしリンネが種の分類を目に見える形にもとづいて行ったのに対し、現在では、タンパク質のアミノ酸配列や遺伝子の塩基配列の類似をも考慮して種を決めている。また、「互いに交配して子孫を残す自然の集団」に属するものを同じ種だとする定義も用いられている。

ハナガサミドリイシというサンゴを例にとり、分類体系の中で、この種がどう位置づけられるかを見ておこう。「動物界—刺胞動物門—花虫綱—六放サンゴ亜綱—イシサンゴ目—ミドリイシ科—ミドリイシ属、に所属するハナガサミドリイシという種」。種→属→科→……と、類似度をもとに、より高次の大きなグループにまとめていく入れ子構造をとるのが階層分類である。

ハナガサミドリイシという種は、ホソエダミドリイシという種とよく似ており、ミドリイシ属の仲間として同じグループにまとめられる。同じサンゴでも、たとえばコモンサンゴという種とイボコモンサンゴという種はとてもよく似ているが、ミドリイシ属とは違うので、異なる属（コモンサンゴ属）としてまとめられる。とはいえ、ミドリイシ属のものはコモンサンゴ属のものと、それなりに似ているので、まとめてミドリイシ科とする。さらに、ミドリイシ科やキクメイシ科やハマサンゴ科などをまとめてイシサンゴ目というグループにする。造礁サンゴは、このイシサンゴ目に属することになる。イシサンゴ目とイソギンチャク目は似ており、まとめて六放サンゴ亜綱とする。サンゴとイソギンチャクは、このレベルでの親戚なのである。六放サンゴ亜綱と八放サンゴ亜綱（これに宝石のサンゴの仲間が属している）などをまとめて花虫綱とする。花虫綱はさらに上の大きなグループである刺胞動物門に属している。

刺胞をもつ（刺胞動物の特徴一）

「刺胞をもつ動物」が刺胞動物の定義。刺胞とは小さな飛び道具である。薬のカプセル形をしており、これが刺細胞という細胞の中に入っている。カプセルの大きさは〇・〇二〜〇・〇五ミリメートル程度。カプセル中には刺糸《しし》と呼ばれる長い糸がつまっている（図1―2）。これはロープのついている捕鯨用銛《ほげいもり》をものすごく小さくしたようなもの。これを打ち込んで餌《えさ》を捕らえるし、自分の身を守るためにも使われる。カプセルの上端に蓋《ふた》があり、餌に反応して蓋が開いて中の糸が飛び出す。糸といっても、じつは中空の細い管で、管の内側が外になるようにめくれながら反転して飛び出していき、獲物につき刺さる。そして管を通して、カプセルに詰まっている毒液を獲物に注入する。毒はタンパク質で、神経を麻痺《まひ》させるものや細胞を破壊するものなど、数種類の毒のカクテルである。刺胞はとくに触手の先端部に多く、この刺胞を発射することでサンゴは動物プランクトンを捕まえる。

刺胞はやみくもに発射されるわけではない。たとえば、きれいなガラス棒で触手にさわっても刺胞の発射は見られない。ところが肉汁をあらかじめ与えておいてからガラス棒でさわると発射される（肉汁を与えただけでは発射しない）。つまり餌が近づいたことを味覚で感じ

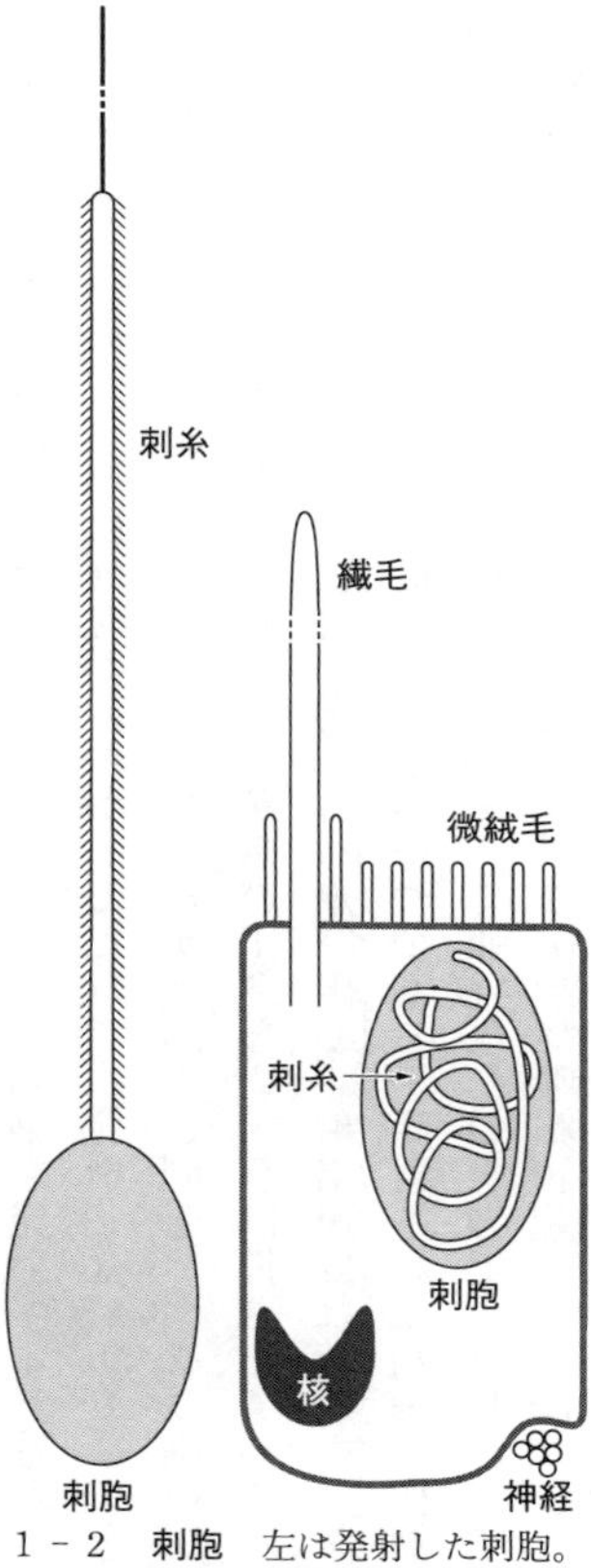

1－2　**刺胞**　左は発射した刺胞。右は刺細胞に入った状態。長く一本突出したものは繊毛、多数突出しているのは微絨毛で、どちらも餌の近づくのを検知している

て準備しておき、さあ触った、というタイミングで刺胞を発射するわけだ。刺胞は一回かぎりの使い捨てなので、単に砂粒がぶつかっただけでは発射しないようにできているのである。刺胞が飛び出す仕組みは、シャンパンの栓が飛ぶのと同じ。つまり高い圧力である。刺胞の内部は一五〇気圧もあり、蓋で中身が飛び出さないように押さえている。刺激に反応して蓋が開くと、中に入っていた針が勢いよく飛び出す。射出速度は時速六〇キロメートル。細胞の動きとしては、生物界最速の反応の一つである。発射された刺糸が獲物に刺さるのに平均で三〇〇分の一秒しかかからない。そして弾丸なみの圧力でつき刺さっていく。

刺胞が納まっている刺細胞は、細胞自体で外界の刺激を感じて反応する。われわれが目で獲物を見て動くときのように、眼（感覚器）→感覚神経→中枢神経→運動神経→筋肉（効果器）と、多数の器官が関わるものとは違って、刺細胞自身が感覚細胞と効果器とを兼ねているため、神経を介さずに刺胞の発射が起こるのである（効果器とは筋肉や繊毛《せんもう》や分泌《ぶんぴつ》器官のように、外界に効果をおよぼす器官・細胞・細胞小器官のこと）。ただし刺細胞も神経の支配をある程度受けており、満腹の際には神経系の作用で刺胞が発射しにくくなる。

刺胞は刺さるタイプ（真正刺胞）以外にも、巻きついて餌の動物をとらえるタイプ（螺刺《らし》胞《ほう》）もある。真正刺胞にも多くの種類があり、ヒドロ虫類では二四種も知られている。

二胚葉動物（刺胞動物の特徴二）

刺胞動物には刺胞以外にも、他の動物と大いに異なる特徴がある。内胚葉《ないはいよう》と外胚葉《がいはいよう》という二種類の胚葉しかもっていない点である（このような動物を二胚葉動物と呼ぶ）。ほとんどの動物は二胚葉に加え、中胚葉をもつ三胚葉動物である。胚葉が一つ少ないため、刺胞動物はたいへんに原始的な動物だと考えられている。

ここのところをもう少しきちんと説明しよう。それには動物の発生について触れる必要がある。

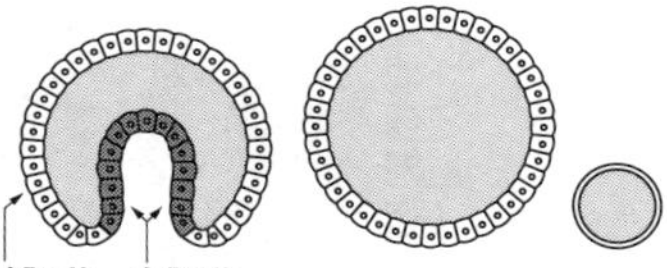

１－３　**動物卵の発生**　右から、受精卵、胞胚、原腸胚

卵と精子とが合体する（受精する）ところから発生が始まる（図１―３）。これはどの動物でも同じこと。受精卵はまん丸な一個の細胞だが、これが分裂して細胞の数が増えていき、中央の空間を取り囲むように細胞がずらりと一層に並ぶ（中空のゴムボールを想いうかべればよい。ゴムが細胞の層）。このような胚（胚とは孵化《ふか》前の個体）を胞胚という。次にこのゴムボールをちょうど人差し指で押しこむように、管状のへこみが中心に向かってできていく。これが原腸陥入という現象で、内側に陥入してできた管が原腸（将来、腸になる部分）。このような発生段階のものは原腸胚と呼ばれる。

さてここからが二胚葉の説明。胚葉とは発生の初期に、細胞が並んでシート状になったもののことであり、原腸胚において体の外側を覆っているシートが外胚葉、体の内側に陥入して原腸をつくっているシートが内胚葉である。

原腸胚からさらに発生が進むと、多くの動物は、内胚葉と外胚葉に加え、その中間に中胚葉ができてくる。三種の胚葉をもつものが三胚葉動物であり、われわれヒトをはじめほとんどの多細胞動物がこれである。

ヘッケルの卓見

刺胞動物は内胚葉と外胚葉しかもたない動物であるが、これは原腸胚の段階(つまり、中胚葉ができる前の段階)で発生が止まっているのだと見ることができる。原腸胚が、口を上にして反対側で岩に付着すれば、まさに(触手を縮めた時の)ポリプそっくり。また、口を下にして海中を漂うなら、これは(同じ刺胞動物の仲間の)クラゲそっくりになる(図1―4)。

この考えを最初に述べたのがエルンスト・ヘッケル(ダーウィンと同時代の生物学者)だった。われわれを含めた三胚葉動物は、刺胞動物のような二胚葉動物から進化したと彼は考えた。これは卓見で、今でも支持者が多い。ヘッケルはダーウィンの進化論を、動物の発生と結びつけて考えたわけだ。現在、進化と発生を結びつけた学問であるエボデボ(発生進化生物学。エボ＝進化、デボ＝発生）がきわめてさかんになっているが、一五〇年ほど前、進化論が唱えられてすぐにその発想にいたったのだから、ヘッケルはすごい。

彼は大変に想像力に富んだ人間で、「個体発生は系統発生を繰り返す」という名言を吐《は》いた。系統発生とは、進化の歴史において単純な生物から複雑なものへとだんだん進化していった過程のこと。個体発生とは、個体が受精卵から親へと発生していく過程のことである。私たち一人ひとりが、卵から親になっていく過程において、生物進化の歴史を繰り返しているというのがヘッケルの主張である。ヒトは胎児の時代にエラ孔をもっているが、これは祖先の魚の時代を、発生において繰り返している証拠ともみなせる事実である。現実には、個体発生が進化の歴史を厳密に繰り返しているわけではないので、この有名な言葉は、そのままでは正しくない。しかし自分自身が生命三八億年の歴史を再度経験しているのだというイメージをもつこと自体は、自身の存在の重みを感じさせ、まことに結構なことだと私は思っている。

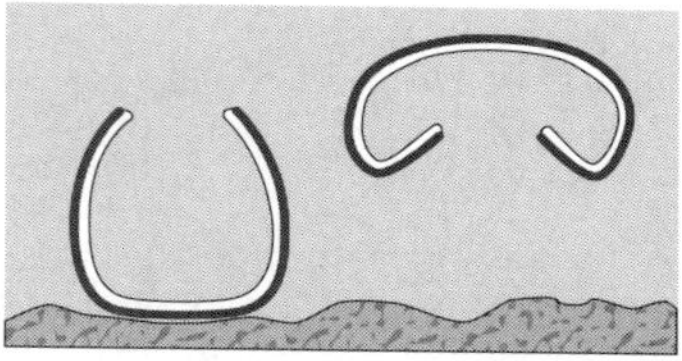
1－4　ポリプ（左）とクラゲ

サンゴ礁

サンゴ礁をつくるのが造礁サンゴ（以下、サンゴと書く）。サンゴはポリプの形態をとった刺胞動物である。もちろん刺胞をもっており、これで動物プランクトンをつかまえて食べる。

海でもっとも生物多様性の高い生態系がサンゴ礁。サンゴ礁が海洋に占める面積はたった〇・二パーセントだが、海水魚の種の三分の一が、そして全海洋生物の四分の一がサンゴ礁にいる。それほど生物多様性の高いのがサンゴ礁である。その多様な生物たちを支えているのが、光合成による有機物の生産であり、サンゴ礁は、世界の海でもっとも生物生産性の高い場所の一つに数えられている。サンゴ礁のまわりの外洋と比べ、生物生産性は一〇〇倍も高い。

サンゴ礁の定義は「熱帯・亜熱帯の海において、おもにサンゴのつくった石灰質の骨格が固められて形成された浅い岩場」。これには①熱帯、②浅い、③岩場という三つのキーワードが入っている。

これらのキーワードからも、サンゴ礁には生物が多いはずだと想像できるだろう。なぜなら、①「熱帯」とは大寒波などが来ない安定した環境を意味している。厳しい冬の来るところでは、それに耐えられるものしか生きていけない。②「浅」ければ光が水の層に吸収されることが少なく（そして「熱帯」だから日の光が年中強く）、そのため光合成がさかんで餌が豊富に提供されることを意味している。③「岩場」とは、波で流されることなく、その上で暮らすには安定した環境である。そしてサンゴのつくる石灰質の岩は、岩としては軟らかい。そのため浸食を受けやすく、また穿孔性《せんこうせい》の生物（ホシムシやカイメンなど）が孔《あな》を掘《ほ》ることができる。その結果、凸凹していて、隠れる場所が多く、また岩の上、岩陰、岩に開いた孔の中など、さまざまな棲息《せいそく》環境を提供できることになる。結局、サンゴ礁には、さまざまなタイプの安定した住みかがあり、餌が豊富で気候も温暖で安定しているため、多様な生物が住むことができると想像でき、実際、サンゴ礁にはたくさんの生物が住んでいる。

このことは、サンゴ礁の海に潜ってみるとただちにわかる。潜ればまわりは熱帯魚だらけ。そして目の前にはサンゴの林がえんえんと広がっている。サンゴの岩の上にはイバラカンザシゴカイがカラフルなパラソルを広げ、サンゴの根元には一抱えもあるイソギンチャクが白い触手をゆらめかせ、その中にメタリックオレンジに輝くクマノミを抱きかかえている。サンゴとサンゴの間の砂地は真っ白。砂はサンゴが砕けてできたものである。白砂の上に真っ黒なナマコがてんてんところがっている。色の洪水、生きものの大洪水である。これほど多様な生物に満ちあふれた世界をつくりあげる基礎となっているのが造礁サンゴ。これはどんな動物なのだろうか。

造礁サンゴ

造礁サンゴの特徴を三つ挙げよう。まず一つ目は、石灰質の殻をつくることである。造礁サンゴは自分の体の外側に石製のコップをつくり、この中に住んでいる。石の素材はほぼ純粋な石灰岩（炭酸カルシウム）。石を分泌するのは体の外側の層、つまり外胚葉由来の細胞である。この石灰岩が基礎になってサンゴ礁がつくられる。

造礁サンゴの特徴の二つ目は、群体をつくること。

サンゴの親戚であるイソギンチャクは、ポリプの直径が数センチから大きいものは一メートルもあり、ポリプ一個で単独の生活をしている。ところがサンゴでは、ポリプ自体がごく小さく、直径一センチメートル以下。そのような小さなポリプが何匹も連なって群体をつくっている。群体とは、「無性生殖でふえた個体同士が分離せずに体の一部がつながっている群れのこと」である。ただ寄り集まって群れていても群体とは呼ばず、体の組織が連続している必要がある（群体に対して、個体一匹が独立で暮らしている場合を単体と呼ぶ。また、群体を構成する個体を、個虫と呼びならわしている）。

サンゴがどのように群体をつくっていくのかを、最初の受精のところから説明しよう（図1―5）。サンゴの一生は卵と精子とが海の中で受精するところから始まる。それが発生してプラヌラ幼生（体長一～二ミリメートル）になり、しばらく海の中を泳ぎ漂ってから海底に沈んで岩の表面に付着し、そこで変態して一個のポリプになる。そしてポリプは体のまわりにコップ形の石の家をつくる。

この最初の一匹から群体が形成されていく。一個のポリプが脇腹《わきばら》から芽を出したり、体を二つに分裂させたりして、自分の隣に、自分そっくりのポリプをつくり出す。これは無性生殖である。つまり雌雄という性が関わり合うことなく子をつくる。こうしてできた子は形も瓜《うり》二つだし、遺伝子もまったく同じ、つまりクローン。親のポリプと新しくできたポリプとは体の一部がつながっていて、情報や栄養のやりとりができる。

ポリプはどんどん無性生殖をくりかえして新しいポリプを増やしていき、全体として大きな群体となる。サンゴとして思い浮かべる木の形や塊状のものがこれ。たくさんのポリプが集まって住んでいる石造りのマンションが、あの木や塊なのである。一個のポリプは小さいものだが、群体は一〇万個以上のポリプが集まって直径が数メートルに達するものもまれではない。数世紀にもわたって成長し続けているという伝説をもつ巨大な群体では、直径が一〇メートルを超え、数百万個のポリプをもつといわれている。

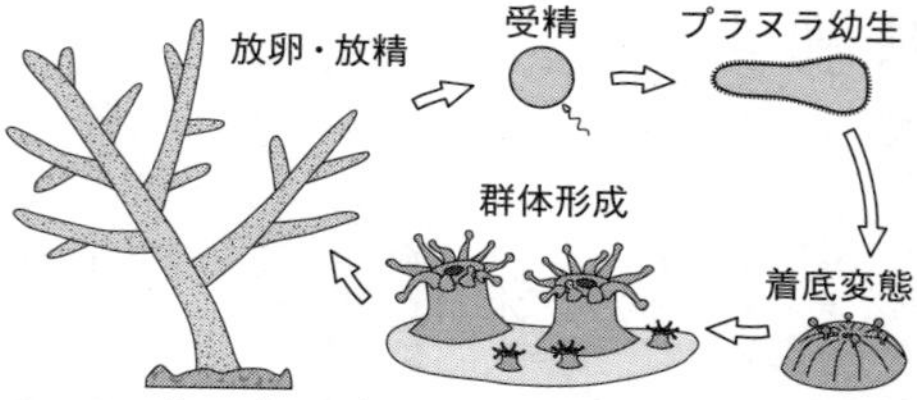

1－5　**サンゴの一生**　各段階はまちまちの縮尺で描いてある

サンゴが死んでも、この石造りのマンションは残り、それが貝の殻やウニの殻、石灰藻など、やはり石灰質の殻をつくる生物の殻とともに固められて、サンゴ礁という岩礁となる。

サンゴの共生

造礁サンゴの三つ目の特徴は共生藻。

造礁サンゴは体の中に藻類を住まわせ、それと共生している。このことが発見されたのは、七〇年前、日本人による。その経緯は以下のとおり。

サンゴ礁には謎《なぞ》が存在していた。サンゴ礁はものすごくきれいなのだが、その美しさの主要な構成要素は、ガラスのように透明な水。水が透明だからこそ、魚たちのカラフルな色が意味をもってくるのである。目で見て、あ、同じ仲間の異性だというように、色と形により魚たちは情報を伝え合っている。色はコミュニケーションの手段なのであり、美しい魚たちは、動くポスターだと思っていい。濁った水では、こうはいかない。

このものすごく透明で美しい水が、じつは大きな問題をはらんでいるのである。

サンゴ礁には動物がたくさんいる。ということは、餌が豊富にあるということだ。われわれ動物は、植物や藻類が光合成でつくり出したものを食べさせて頂いている。米もそうだし、牛肉だって、牛が草を食べてつくったものだ。したがって、元をたどれば食べものはすべて植物由来。サンゴ礁にたくさんの動物がいるということは、光合成をする生物がたくさんいることを意味している。

海の中で光合成するものは藻類。北の海では大形の藻類（コンブやホンダワラなど）の立派な林がある。ところがサンゴ礁には水にゆらぐ藻類の林など見あたらない。

水中で光合成する藻類としてはもう一つ、植物プランクトンがある。水中を漂っている単細胞の藻類で、珪藻《けいそう》や渦鞭毛藻《うずべんもうそう》など、どれも顕微鏡がないと見えないほど小さなもの。サンゴ礁の海に、植物プランクトンも少ないということは、水が透明だということから想像がつく。なぜならプランクトンのような小さな粒子が水中に多数浮かんでいれば、光が乱反射されて水が濁ってしまうから（さらに水が透明だということは、水中に有機物の粒子もあまり含まれていないということをも意味している。有機物の粒子は生物の遺体などが分解したもので、これは動物やバクテリアの食物になる）。

サンゴ礁のまわりの水も、またサンゴ礁をとりまいている外洋の海水も、栄養が乏しいのである。生物が体をつくる上でどうしても必要な栄養塩類（窒素《ちっそ》やリン）が少ない。窒素はタンパク質をつくるのに必要だし、リンは核酸（遺伝物質）をつくる際に必須《ひっす》の元素である。窒素やリンが少ないからこそ、熱帯の海では光合成生物が育たない。栄養分が貧弱な環境を貧栄養と形容するが、熱帯の海は貧栄養。きれいだけれども、生物にとって暮らしにくい環

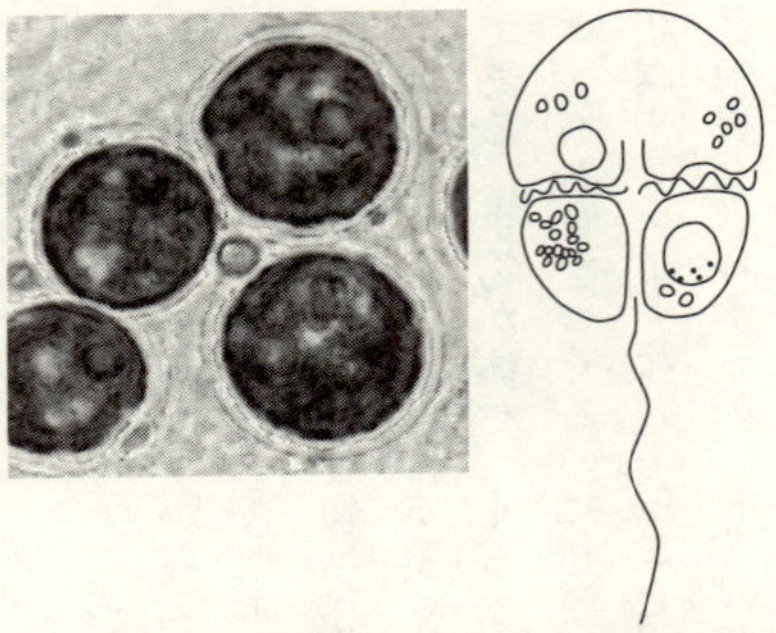

1－6　**褐虫藻**　左がサンゴの細胞内、右は取りだして培養したもの（左より拡大して描いてある）

境なのである。事実、サンゴ礁のまわりの外洋には、それほど生物はいない。ところが貧栄養の海水なのにもかかわらず、サンゴ礁にはものすごくたくさん生物がいる。一体これはどういうことなのだろう。

　この謎を解いたのが生物学者の川口四郎だった。サンゴの組織を顕微鏡で見ると、褐色をした丸い小さな粒（直径百分の一ミリメートル）が多数入っている。このことは以前から知られており、この粒子はゾーザンテラと呼ばれていた。ゾーザンテラとは褐色の小動物の意味で、直訳すれば「褐虫」となる。川口はこれをサンゴから取りだし、海水中で培養してみた。すると褐色の粒は変身し、特徴的な殻を分泌して身にまとい、鞭毛という細い毛を二本生やして泳ぎだしたのである。この姿を見れば一目瞭然。渦鞭毛藻の仲間の植物プランクトンである。つまり光合成生物がサンゴの体内に隠れていたのであった。この発見（一九四四年）を受け、ゾーザンテラには「褐虫藻」という訳語があてられるようになった。

　サンゴは二胚葉動物であり、内外二層の細胞層で体ができている。体の表面を覆うのが外胚葉由来の外層《がいそう》、内側の面（胃控に接する面）を覆うのが内胚葉由来の胃層《いそう》である。褐虫藻は胃層の細胞の中に、液胞《えきほう》（シンビオソーム）に包まれて入っている。一平方センチメートルあたり数百万個という密度で入っており、多い場合には、サンゴの軟体部（殻を除いた部分）の重量の半分が褐虫藻というのだから、サンゴは半分藻類だと言ってもいい。サンゴの林とは藻類の林でもあり、それにわれわれは気付いていなかったのだ。

褐虫藻の利益

異なる二種の生物が、同じ場所で互いに緊密な結びつきを保って生活していることを共生と呼ぶ。共生することにより、どちらの種も利益を得るなら相利共生、一方のみが利益を得れば片利共生である。サンゴと褐虫藻とは相利共生の関係にあり、共生により両者ともに莫《ばく》大《だい》な利益を得ている。

まず褐虫藻側の利益から見ていこう。利益の筆頭は安全な家に住まわせてもらえること。サンゴは硬い石のコップの中に住んでおり、さらに刺胞という毒針まで備えているため、サンゴを食べる動物は非常に少ない。いわば武装された石の要塞《ようさい》であり、このような環境に住まわせてもらっているかぎり、褐虫藻はきわめて安全である。海水中をふらふら泳ぎ漂っていれば、敵に食べられてしまう危険があるため、サンゴの外にいるときは殻を分泌して身を守っている。しかしサンゴの中では褐虫藻は殻を脱いで裸になり、すっかり「くつろいで」いる。

要塞のようなサンゴの群体は単に安全なだけではない。サンゴは、褐虫藻が光合成しやすいように配慮しながら群体の形をつくっているのである。群体には、木の枝や葉の形をしたものが多い。葉のような平たい形は表面積が広く、たくさんの日光を集めやすい。木の枝の形は、丈が高いおかげで他のものの陰になりにくく、また海底に固着している面積あたりの表面積が増え、より多くの日光を集められる。サンゴは動物だから、木や草の形をとる必然性はないのだが、褐虫藻に配慮して、多くの光が当たるように、群体を植物のような形にした。

褐虫藻への配慮はほかにもある。赤道上空では、紫外線を吸収するオゾン層が薄いため、紫外線が海中にも強烈に降り注いできて、葉緑体が破壊されてしまうおそれがある。そこでサンゴは紫外線を吸収するフィルター物質（マイコスポリン様アミノ酸）をつくり、これを褐虫藻の上に掛けてやっている。結局、褐虫藻は、日当り良好で紫外線カットのサンルーフ付きの、安全なマンションに住まわせてもらっているわけだ。

栄養と二酸化炭素

栄養面においても褐虫藻はサンゴから恩恵を受けている。リンや窒素という、熱帯の海で不足しがちな栄養分をサンゴからもらっているのである。

サンゴは動物プランクトンを、触手を使って捕まえて食べる。食べれば排泄《はいせつ》物が生じるが、これにはタンパク質や核酸が分解されて生じたリンや窒素が含まれている。それを褐虫藻がもらい受ける。私の子供の頃は人間の排泄物を下肥《しもごえ》として作物に与えていた。それと同様のことをサンゴは褐虫藻に対してやっているわけだ。ただし彼らの場合、排泄物が生じるのはサンゴの細胞の中であり、それを細胞の中にいる褐虫藻が直接もらい受けるのだから無駄が出ず、人間の農作業よりずっと効率がいい。栄養素の無駄のないリサイクルがここでは成り立っている。

無駄のないリサイクルは、リンや窒素だけではない。光合成には二酸化炭素が必要だが、さかんに光合成すると二酸化炭素が不足する。そこで褐虫藻はサンゴが呼吸して吐き出す二酸化炭素を利用する。ただし「どうせ捨てるのだから、お使いになるならどうぞ」とサンゴが二酸化炭素を渡しているだけではないようで、サンゴはわざわざ海水中から、エネルギーを使って二酸化炭素を体内に取り込んで褐虫藻に手渡すこともしているらしい。

サンゴの利益

褐虫藻は共生により、サンゴから多大な利益を受けているのだが、ではサンゴの方はどんな利益を得ているのだろうか。

共生によるサンゴ側の利益の筆頭は栄養。褐虫藻は光合成でグリセリンなどをつくり出し、そのかなりの部分をサンゴがもらう。多い時には褐虫藻がつくったものの九割ももらうのである。

私たちが食べものを必要とするのは、体を働かせるためのエネルギー源（デンプンやグリセリンなどの炭水化物）を得るため、そして体や遺伝物質をつくる材料を手に入れるためである。体は主にタンパク質でできており、それをつくるには窒素が必要。遺伝物質であるDNAをつくるには窒素とリンが必要である。サンゴの場合、エネルギー源は褐虫藻からもらう分で十二分に足りる。サンゴが動物プランクトンを捕まえて食べるのは、窒素とリンを手に入れるためである。

サンゴのポリプ（軟体部）の成長に栄養が必要なのと同じように、殻を成長させるにも材料がいる。殻は炭酸カルシウムでできており、炭酸もカルシウムも海水中にあるからそれを取り込めばいいが、その二つから炭酸カルシウムの結晶をつくるには、結晶の核となる有機物が必要であり、それをサンゴは褐虫藻からもらっている。

さらに、サンゴはもらってばかりではなく、褐虫藻にもらわれてもいる。われわれは食べればトイレに行きたくなるし、呼吸では二酸化炭素をせっせと吐き出さなければならない。ところがサンゴの場合、前述のように、食べて出てくる排泄物も呼吸で出てくる二酸化炭素も褐虫藻がもらってくれるため、排出物の処理は気にしなくていい。また、呼吸で酸素を取り入れる方でも、サンゴは褐虫藻のおかげをこうむっている。褐虫藻が光合成する際に排出した酸素を、サンゴは細胞内で直接もらい受けることができるからだ。

結局、サンゴは褐虫藻と共生しているおかげで、食う心配がほぼなくなり、トイレの心配もなく、人工呼吸器を体内に備えたようなものだから無理に息をする必要もない。まさに究極の楽ちん生活が可能になったわけである。褐虫藻の方も、安全で仕事がしやすく、肥料や光合成の材料（二酸化炭素）までも提供してくれる家に住まわせてもらっている。おかげで褐虫藻はさかんに光合成をし、そうしてつくった食べものを、気前よくサンゴに与えるから、サンゴは家をどんどん建て増しする。サンゴ礁とは、貧栄養の海にもかかわらず、サンゴが大繁栄している海であるが、それは褐虫藻が大繁栄している海でもある。この両者の繁栄は、互いに不要なものを効率よくリサイクルして活用しあう共生関係があって初めて可能になったものである。

サンゴの粘液がサンゴ礁の生物を養う

サンゴ礁ではサンゴだけが繁栄しているわけではない。他の動物たちもたくさんいる。そしてそれらを養っている食物が、サンゴの分泌する粘液なのである。サンゴは大量の粘液を分泌して、自身をすっぽりと覆っており、これが他の動物を養う基礎になる。

粘液は口のまわりにある細胞から分泌され、サンゴの表面にぴたりと張り付き、食品の保存などに使う透明なラッピングフィルムのように体を覆う。粘液の役割は体を清潔に保ち、外部環境の変化などから保護すること。サンゴは海底に固着しているため、砂粒などのゴミが体の表面に降り積もってくる。体の表面に堆積物《たいせきぶつ》がたまれば、光が体内に入りにくくなり、褐虫藻の光合成が妨げられる。それを防ぐのが粘液のフィルムである。フィルムの上にゴミがたまってきたら、フィルムごと体から剝《は》ぎ落とす。そして新しいフィルムを分泌し、体をいつも清潔に保つ。サンゴはフィルムを、定期的に張り替えており、たとえばあるハマサンゴは、満月ごとに張り替えをする。

粘液は、体を保護する役目も果たす。浅い場所にいるサンゴは、大潮の時に潮が引くと水面から出てしまうことがあるが、その時には大量の粘液を分泌して体を覆う。粘液には保水効果があり、体が乾燥しないようにしているのである。また、高温や低温、雨などによる海水の塩分濃度の低下などの際にも、サンゴはさかんに粘液を分泌して身を守る。

サンゴは粘液をつくるために、褐虫藻からもらった栄養の半分ほどを当てている。粘液は炭水化物やタンパク質が連なった高分子からできており、これをつくるためにきわめて多くのエネルギーをサンゴは投入している。ちなみに褐虫藻からもらった栄養の残りのほとんどを、サンゴは日々の生活に必要な支出（餌をとり、体の壊れてきた部分を直し、褐虫藻と物質のやりとりをする等、日常の暮らしを維持するためのエネルギー）に当て、成長に当てるのは一パーセントほどである。

粘液は栄養の塊のようなものだから、他の生物たちの良い食物になる。サンゴの体から剝がれ落ちた粘液は、海水中を漂い、その半分以上はすぐに海水に溶け、この栄養をたっぷり含んだ海水中で、バクテリアがさかんに増殖する。それを動物プランクトンが食べて増え、それをより大きな動物が食べて増え、それをもっと大きな動物が食べてというように、サンゴ礁の食物連鎖が進んでいく。

海水に溶けなかった粘液も餌になる。粘液は集まって塊状になり、これは気泡を取り込んでゆっくりと海水面まで浮き上がっていき、海面を漂う。これが粘液フロートで、これには水中に漂っているバクテリア・藻類（単細胞や糸状のもの）・動物プランクトンなどが取り込まれていき、サンゴから剝がれたばかりに比べて、栄養価が一〇〇〇倍にも高まり、きわめて良い餌となる。

1－7　**オニヒトデ**　サンゴが白くなった部分は、オニヒトデに食べられて骨だけになったところ

粘液フロートは砂粒も取り込むため重くなり、海面で食べられなかった粘液フロートはついには海底に沈んで海底のバクテリアを養い、それが底生動物たちの餌となっていく。こうしてサンゴの粘液は泳いでいる生物も、漂っているものも、水底のものも養うことになる。

サンゴガニとオニヒトデ

サンゴから剥がれ落ちる前の粘液を、直接サンゴの上で食べる魚や貝やエビ・カニもいる。たとえばハナヤサイサンゴに住むサンゴガニがそうで、脚の一部にブラシ状に毛が生えており、これで粘液をこすりとって食べる。このカニはサンゴから住みかと食べものをもらって自分だけが得をしている片利共生かというと、そうではない。大変に面白い行動を示してサンゴにも利益を与えている。

オニヒトデは差し渡しが六〇センチメートルにもなる大形のヒトデで、サンゴの数少ない天敵である。胃を口から反転して吐き出し、サンゴに押しつけて消化液をふりかけ、溶かして吸収してしまう。こういう食べ方をされると、さしもの石の家も防御にはならない。そしてなぜか刺胞もオニヒトデには効果がない。オニヒトデはときどき大発生してサンゴに壊滅的打撃を与える。

ところがまわりのサンゴがみな食べられてしまっても、サンゴガニのいるハナヤサイサンゴは食われることがない。オニヒトデが襲ってきた際、サンゴガニが迎撃し、ハサミでヒトデを押し返したり、はさんで揺さぶったり、管足《かんそく》（ヒトデやウニがもっている小さな足、一三五ページ）を切り取ったりしてオニヒトデを撃退してしまう。サンゴとカニとは相利共生なのである。

サンゴに死をもたらす白化

一見盤石に見えるサンゴと褐虫藻の関係も、ときには破綻《はたん》する。これが今、大問題になっている白化である。白化とはサンゴの中にいる褐虫藻の数が異常に減少する現象のこと。褐色をした褐虫藻が少なくなれば透明なポリプの壁を通して下の白いサンゴの骨格が透けて見え、サンゴが白っぽく見える。だから白化なのである。褐虫藻が光合成色素を失うという現象も白化の際に起きているらしい。白化で褐虫藻からもらえる光合成産物の量が少なくなれば、サンゴは栄養不足に陥り弱っていき、白化が二ヵ月も続けば死ぬ。

白化はストレスで引き起こされる。褐虫藻が受けるストレスとしては、異常な高温や低温、強すぎる光、長期の暗黒、大雨などによる海水の塩分低下などがある。ストレスが短時間で取り去られれば、一度減った褐虫藻の数は回復し、サンゴも元気を取り戻す。

現在、地球規模の大規模白化が問題になっているが、原因は地球温暖化である。この白化は海水表面の温度と密接に関係している。夏の最高温度が平年より一度高い週が、三ヵ月の間に四週以上になると、白化する確率が高い。一九九八年に起きた大規模白化は記録的であった。この年は千年に一度の規模といわれるエルニーニョ現象が発生し、海水温が際立って高かった年である。この時の大規模白化で、世界のサンゴ礁の一六パーセントが破壊された。沖縄の被害はとくに甚大で、約八割のサンゴが死滅してしまった。高い海水温に加えて、さらに強い日射が加わると被害が大きくなるようだ。破壊されたサンゴ礁の、その後の回復は遅々としており、回復せずに現在に至っているサンゴ礁も多い。沖縄のサンゴ礁はその後回復したが、二〇一六年にはまた、石西礁湖《せきせい》（石垣島《いしがきじま》と西表島《いりおもてじま》の間にある、日本最大級のサンゴ礁）で、サンゴ群体の七割が白化により死滅している。

なお、世界規模の白化が見られるようになったのは一九八〇年代に入ってからである。以降、毎年五〜二〇パーセントのサンゴ礁が危険レベルに達しており、その割合は年々増えていく傾向にある。今のペースで温暖化、そして海洋汚染、乱開発、魚介類の乱獲等が進めば、二〇五〇年までにすべてのサンゴ礁が危機に陥るだろうという恐ろしい予測もある。

白化の機構

ここで不思議に思うのは、サンゴと褐虫藻は、共生により、互いに莫大な利益を受けているのに、なぜわずか一、二度温度が高くなるだけで共生関係が解消されるのか、である。理由は、共生関係が成り立つ範囲の、上限ぎりぎりの温度で彼らの生活が営まれているからのようだ。

サンゴ礁域のように、温度が高く日差しも強烈で水が透明な環境においては、褐虫藻はきわめて高い光合成速度を示し、どんどん酸素を放出する。するとまわりの酸素濃度が上がって活性酸素が生じてくるが、これはきわめて危険な物質で、生物の体を構成する核酸やタンパク質や細胞の膜などに傷害を与える。褐虫藻が一匹で海の中を泳いでいる分には、活性酸素は海水によって流されてしまうから問題は生じにくいが、サンゴの細胞の中という、閉じられた空間でどんどん活性酸素が発生してくるのは大問題。もちろん、サンゴの側も褐虫藻の側も、それを処理するための機構を備えている（活性酸素を処理する各種の酵素など）。

そうやって何とかしのいでいるのが普段の状態のようだが、そこに地球温暖化の高温と強い日照とが加わると、褐虫藻の光合成装置が各所で傷害を受けてさらに活性酸素を発生するようになる。すると、褐虫藻もサンゴも、活性酸素を処理する能力の限界に達してしまうようだ。

こうなると、サンゴにしてみれば、褐虫藻はありがたいよりはむしろ毒物発生装置だから、これを追い出すに越したことはない。褐虫藻にしても、サンゴの中という閉鎖空間にいるので問題が深刻になるのだから、逃げ出すに越したことはないだろう。というわけで、一、二度というわずかな温度上昇で共生関係が破綻してしまうのだと考えられている（ただし、活性酸素の発生が原因となって、どのような機構により共生関係の解消に至るのかは、まだよく分かっていない）。

サンゴ礁は青いカナリア

共生関係の解消機構がどうであれ、たった一、二度で、サンゴと褐虫藻という、この類《たぐ》い希《まれ》な共生関係が解消されるという事実は、きわめて重要なことをわれわれに教えてくれる。生物と生物の関係も、そして生物と環境の関係も、きわめてデリケートだということである。ごくわずかな温度上昇で、白化という目に見える変化がすぐに表れるのだから、これは地球温暖化の高感度センサーだと言っていい。このセンサーは世界中の熱帯の海に配置されており、これを活用しない手はない。私はサンゴ礁を「青いカナリア」と呼んでいる。昔は炭鉱に入るとき、カナリアを携えて降りて行ったそうだ。坑内で毒ガスが発生すれば、すぐにカナリアが反応して鳴き止み、危険をいちはやく知らせてくれるからである。青い海だからサンゴ礁は青いカナリア。彼らは地球温暖化の危険信号をいちはやく知らせてくれている。この警告を、きわめて重大なこととして受けとめる必要があるのではないだろうか。

サンゴのタンゴ

海のオアシス　サンゴ礁
貧栄養の　大海の
中にひろがる　楽園は
多様な命の　育つ場所

サンゴの中に隠れてる
共生藻が　隠れてる
渦鞭毛藻　褐虫藻
川口四郎が　大発見

サンゴの石のマンションは
日あたり良好　肥料付き
光合成には　うってつけ
つくるぞ　食べもの　褐虫藻

藻からもらった食べもので
つくったサンゴの粘液は
めぐりめぐって育ててく
多様ないきもの　育ててく

たった１・２度上がっても
藻を失い　白化する
青いカナリア　サンゴ礁
警告してるぞ　温暖化

第2章　昆虫大成功の秘密——節足動物門

動物の中で一番種の数が多いのは昆虫である。なんと全動物の七割以上が昆虫。生物全体でみても昆虫が半数を占めている。では個体数ならどうかというと、やはり昆虫が生物の中で一番多い。数で比べればダントツの繁栄を誇っているのが昆虫であり、一番成功しているのが昆虫なのである。本章ではその成功の秘密を探っていきたい。

昆虫は節足動物門に属しており、エビ・カニ（甲殻類《こうかく》）も同じ仲間。海で最も種数の多いのがこの甲殻類だから、陸でも海でも最多の動物が節足動物なのである。節足動物はアーソロポーダの訳。関節（アルスロン）と脚（ポドス）から作られた言葉で（どちらもギリシャ語）、「関節のある脚をもつ動物」の意である。

昆虫の体のつくり

まず昆虫の体のつくりをざっと説明しておこう。

節足動物は、その名のとおり、複数の節が連なって脚ができており、節の間が関節になっ

節足動物門

1　三葉虫亜門（三葉虫の仲間、絶滅）
2　甲殻亜門（エビ・カニ・フジツボ、約５万種）
3　六脚亜門（昆虫、約100万種）
4　多足亜門（ムカデ・ヤスデ）
5　鋏角《きょうかく》亜門（カブトガニ・クモ・サソリ）

ている。そして、じつは体そのものも節が連なってできているのである（ムカデの胴を思い浮かべていただけばよい）。この一つの節が体節である。似たような体節が前後に一列に並んで体ができているのが節足動物の基本。ただし昆虫の場合には、体の部位によって体節の形が異なり、似たような体節がいくつかまとまって、頭部、胸部、腹部の三つの部分を形成している。

口や感覚器官（眼など）があるのが頭部。頭部は複数の体節が融合したもので、各体節がもっていた脚が変化し、触角や、摂食するための大顎《おおあご》・小顎《こあご》・下唇《かしん》になっている。脳もここにある。ただし昆虫をはじめとする節足動物では体節ごとに神経細胞の集まった神経節があり、われわれ脊椎動物のように、脳ばかりに統合の機能が集中しているわけではない。

脚や羽という運動器官があるのが胸部。胸部は三つの体節（前胸、中胸、後胸）からできており、体節ごとに一対の脚があって脚は計六本。これが昆虫の特徴であり六脚《ろっきゃく》亜門と呼ばれる。二対の羽は中胸に生えている。

腹部は一一の体節からなる。腸が体節を貫いており、体節内には生殖器官、排泄器官（マルピーギ腺《せん》）などがある。

1　キチン質の外骨格（昆虫の特徴一）

昆虫成功の鍵となる性質を考えていきたい。まず特筆すべきは昆虫の骨格。これがきわめつきの優れものなのである。骨格とは、力が加わっても体がへしゃげないように形や姿勢を保つ堅固な構造物のこと。重力や風のような外からの力に抵抗して姿勢を保つだけではなく、内部からの力、つまり筋肉を使って自らが出す力を外界に伝える役割も骨格はもっている。たとえば脚の骨がへにゃへにゃしないからこそ、筋肉で脚を動かして大地をけることができる。骨格は運動する上できわめて重要なものである。

骨格には大別して二種ある（図）。①内骨格。これは体の中、つまり皮膚（表皮）の内側に位置する骨格。われわれ脊椎動物の骨格がこれにあたる。②外骨格。皮膚の外側（つまり「体外」）にあり、体を外側から覆っている骨格。節足動物の骨格はこれ。サンゴの骨格や貝殻も外骨格である。

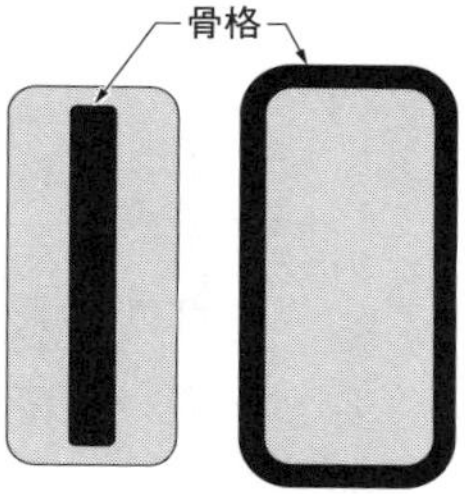

2－1　**内骨格**（左）**と外骨格**　黒い部分が骨格

外骨格は体表を覆っているため、体を支えるだけではなく、体の内部を保護する機能もはたしている。保護の機能としては、外からの衝撃など物理的な力から体を守ることもあるし、有害な化学物質や病原菌から守るということもあるが、昆虫において特筆すべきは、乾燥から体を守る役割である。外骨格のおかげで乾燥に耐えられるようになり、これが、陸での成功上、きわめて重要な役割をはたした。

無機質の骨格と有機質の骨格

骨格を、それがつくられている材料で分類すると、おもに無機物でできているものと、有機物でできているものとに分けられる。代表的な無機物は炭酸カルシウムで、サンゴの骨格や貝殻がこれ。海水中にはカルシウムが大量に溶けており、また、空気中の炭酸ガスも海水に溶け込んでいるため、炭酸カルシウムの原料はふんだんにある。だからちょっと条件をととのえてやれば炭酸カルシウムが簡単に沈殿し、すばやく安価に（エネルギーをそれほど使わないで）骨格がつくれるという大きな利点がある。しかし重くてもろいという欠点をもち、また、いったんつくってしまうと壊しにくい。

われわれ脊椎動物の場合は、同じくカルシウムを用いているがリン酸カルシウムの骨格である。この骨格には、いったんつくった後でも、簡単にそれを溶かして形を手直しできるという長所がある。われわれの骨は日々、力のかかる場所は太く、かからない場所は細くと、手直しを繰り返している。こうして必要な場所を強くし、不必要なところを削って無駄な重さを減らしている。これは大きな利点であるが、リンの入手はカルシウムほど簡単ではないため、つくるのにコストがかかる。

有機物でできている骨格の代表格が昆虫のクチクラ。これは多糖類やタンパク質という複雑な分子でできており、そんなものを合成してつくるのだから制作費は当然高くつく。ただし高いだけのことはあり、軽量かつ丈夫できわめて高機能なものに仕上がっている。そういう高機能材料を用いるおかげで、あれほど細い脚をつくってもへにゃへにゃせず折れもせず、強く、それでいて軽い。だからこそ脚を軽やかに振り動かしてすばやく走ることができるのである。

クチクラの外骨格を使えば薄くて広い羽をつくって飛ぶこともできる。これは昆虫の世界を大きく広げた。空を自由に飛べる動物は昆虫と脊椎動物（翼竜・鳥・コウモリ）のみ。飛ぶ脊椎動物が登場したのは中生代で約一億六〇〇〇万年前。飛ぶ昆虫の登場はずっと古くて古生代の約四億年前だから、二億年以上もの間、昆虫が空を独占していたのである。クチクラの外骨格により昆虫は飛ぶにせよ走るにせよ、大きな運動能力を獲得できた。昆虫の繁栄に大きく貢献しているのがこの外骨格である。

昆虫は二段階のステップを踏んで大成功への道を歩んでいった。まず乾燥しにくい体をもつことにより陸を制覇した。これが可能になったのは、体を乾燥から守ってくれるクチクラの外骨格をもったためである。次に羽を生やして空を制覇した。これができたのもクチクラの外骨格のおかげである。昆虫の大成功は、ひとえにクチクラというきわめて優れた材料の開発にかかっていたと言っていい。

クチクラの構造

クチクラとは皮膚を意味するラテン語がもとになった言葉で、英語ではキューティクル。体の表面を覆う薄くて硬い膜状のものは何でもクチクラと呼ばれ、動物にも植物にも存在する（レンズのコーティングのようなものと思えばいい）。シャンプーのコマーシャルでよく髪の毛のキューティクルという言葉が出てくるが、これは髪の表面にある死んだ細胞の層で、髪を守り、保湿の働きもある。昆虫をはじめとした無脊椎動物のクチクラは体の表面の細胞が分泌してつくったものであり、やはり体を保護し、保湿の機能をもつ。

昆虫の場合、クチクラは三層構造をとり、外に面した側（上側）から、上クチクラ、その下の外クチクラ、一番内側の内クチクラとなっている（図）。三層合わせても、厚さは〇・二ミリメートルまでと、ごく薄い。これらは、内クチクラの下にある表皮細胞によりつくられたものである。表皮細胞は基底膜という強度のあるしっかりとした膜の上にずらりと一層に並んでいて、これがクチクラの成分を分泌する。表皮細胞から内側が昆虫の「生きた」部分。クチクラは表皮細胞の外側にあり、クチクラ内には生きた細胞はみられないから、ここは体外にある「死んだ」部分なのだが、クチクラの各層は、それぞれ単なる死んだ物とは侮れない重要な機能をはたす。

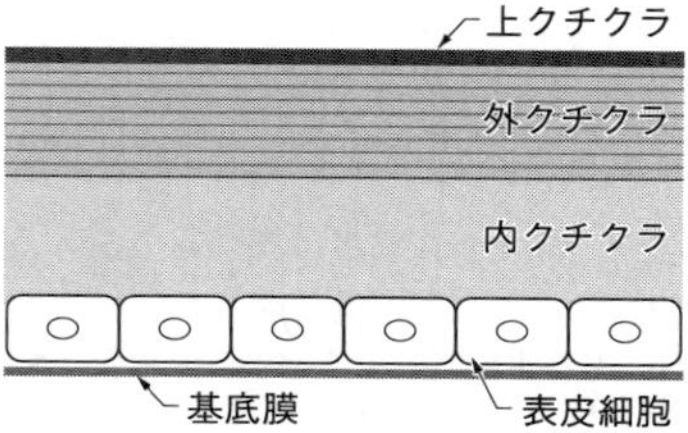

2－2　昆虫のクチクラ断面

上クチクラ・外クチクラ・内クチクラ

上クチクラは、厚さが千分の一ミリメートルしかないのだが、体からの水の蒸発を防ぐバリアとして働き、昆虫が陸上生活をする上でなくてはならないものである。このおかげで、昆虫は節水型の体となり、水の手に入れにくい陸という環境での生活が可能となった。この層は化学的なバリアとして働く層であり、水という貴重な化学物質を通さないだけでなく、危険な化学物質や病気を起こすバクテリアや菌類などの侵入もブロックして体を守る。

上クチクラは三層からなり（外側から内へ、セメント層、ワックス層、クチクリン層）、真ん中のワックス層が水をはじいて通さない部分で防水の要《かなめ》。セメント層はワックス層を覆って保護する役目。クチクリン層はクチクラがつくられる際に最初にできる層で、クチクリンというタンパク質からできている。

上クチクラの下にあるのが外クチクラと内クチクラ。上クチクラが化学的バリアなのに対し、これらの層は、クチクラの力学的性質（硬さや強靭《きょうじん》さ）を決めるものであり、物理的なバリアとして体を保護し、かつクチクラに強度を与えて体を支え、また昆虫のはげしい運動を可能にする主役となっている。

外クチクラと内クチクラとは、最初は分かれておらず、まず原クチクラとして表皮細胞から分泌され、その外側の層のみがキノン硬化を受けて外クチクラへと分化する。

原クチクラは繊維とそれが埋まっている基質とからなる（ゼラチンの基質の中にたくさんの糸が入って固まっているようなものをイメージすればよい）。

繊維はキチン製である。キチンとはギリシャ語のキテーン（外被）から作られた言葉。これは多糖類で、おもにN-アセチルグルコサミンが連なって繊維をつくっている。原クチクラの二〜五割（乾燥重量）がキチン繊維であり、繊維は皆、体の表面に並行に並んでいる。基質の方は、アルスロポディンなどのタンパク質でできており、これがキチンの繊維間を埋め、繊維を貼り合わせる糊《のり》として働く。

クチクラは昆虫の体という「建築物」をつくっている材料であり、建築材料として見れば、繊維と基質という異なる素材が組み合わされた繊維強化複合材料とみなせるものである。この「繊維＋基質」という組合せは優れた特徴をもつ。繊維のようにひも状のものは、引っ張られたら強く抵抗するが押されたらへにゃっと曲がって抵抗できない。逆に基質のように塊になったものは、押しつぶす力（圧縮）にはそれなりに強いが、引っ張られるとボソッと切れてしまい、もろい。傷が少しでも入っているとその部分から亀裂が入って割れてしまうからである。繊維と基質とはそれぞれの弱点をもっているのだが、二つを組み合わせると弱点を補い合って、引っ張りにも圧縮にも強い材料になる（複合材料については一八四ページのコラムに、より詳しい説明がある）。

クチクラはベニヤ構造

昆虫のクチクラは複合材料であり、材料として優れたデザインをもっている。そして昆虫はこれにさらなる工夫をこらしている。クチクラの繊維を一定方向にそろえて基質に埋めて薄板状にし、その薄い板を何枚も、少しずつ繊維の方向を回転させながら重ねて多層構造にしている。これはベニヤ板と同じ発想である。ベニヤとは繊維の方向がそろった薄い板を何枚か、九〇度回転させながら交互に張り合わせて作ったものである。柾目《まさめ》の板（繊維の方向がそろった板）は見た目には美しいが、強さの上では問題がある。繊維の方向に引っ張られると非常に強いが、それと直角の方向の力が加わると繊維にそって簡単に割れやすい。その欠点を、方向の違った板を貼り合わせることにより克服しているのがベニヤ板である。ベニヤを割ろうとしてもなかなか割れないし、無理に割るとぎざぎざに割れる。ぎざぎざとは割れ目の長さが長いということであり、その長さに比例して割るのに必要なエネルギーは大きくなるため、ベニヤは割れにくいのである。クチクラの場合はベニヤよりさらに手がこんでいて、九〇度より小さな角度でずらしながら薄い層を何枚も貼り合わせて原クチクラ層をつくっている。だからクチクラはあれほど薄いにもかかわらず、どの方向に曲げても引っ張ってもきわめて壊れにくく、物理的に良いバリアになるのである。

キノン硬化

原クチクラはそのままではしなやかなものだが、外側の外クチクラになる部分ではキノン硬化が起きて硬くなる。キノンという化学物質が、クチクラの基質をつくっているタンパク質分子の間に橋を架けて変形しにくくするため、基質が硬くなるのである。キノン（詳しくはオルトキノン類）はきわめて反応性が高くてタンパク質と結合し、タンパク分子同士を架橋する。架橋が起こる際にはクチクラから水が失われ、これも硬くなることに寄与している。キノン硬化はタンニングとも呼ばれる。タンニングのタンは日焼けで褐色になることであり、キノンによる架橋でも茶褐色の色がつくので、こうも呼ばれるわけである。ゴキブリの茶色はキノン硬化でついた色。クチクラは本来白色だが、タンニングの度合いにより、薄い茶色から黒に近い茶色までいろいろな程度があり、黒っぽいものほどよりキノン硬化の程度が高く、より硬い。

たとえばシロアリが白いのはクチクラがタンニングしていないから。シロアリのように木の中に入っていれば、硬いクチクラで身を守る必要はなく、体表がぷよぷよしていても問題ない。ただしシロアリでも口器の大顎は茶色。この大顎で木をかじるのだから硬い必要があり、そこはしっかりタンニングを受けている。シロアリには巣を守る兵隊アリ（兵蟻《へいぎ》）が存在するが、それのもつ巨大なハサミのような大顎は黒ぐろと強くタンニングされており、この硬いハサミで侵入者を撃退する。土中にいるカブトムシの幼虫も体は白いが、土の中なら体表を守る必要がないためである。ただし特に大切な頭部は褐色をした硬いクチクラで守っている。このように昆虫は、体の部分ごとに、必要に応じてクチクラの硬さを調節している。

シロアリ（ヤマトシロアリ）

昆虫は甲殻類（エビ・カニの仲間）から進化してきた。甲殻類もキチン質のクチクラをもっているが、甲殻類のクチクラは、タンニングではなく、おもに炭酸カルシウムをクチクラに沈着させることによって硬化させている。海水中にはカルシウムが豊富にあるため、これは安上がりに硬くするいい方法だろう。また、カルシウムを殻にためこめば重くなり、海のように浮力が働く環境ではこれが重石《おもし》となって体が安定する。ところが陸では重いクチクラは運動の妨げとなるばかりである。それにカルシウムを手に入れるのも陸では容易ではない。昆虫の採用したタンニングによるクチクラの硬さ調節は、陸の生活への適応だった。

2　大きな運動能力——歩く・走る・飛ぶ（昆虫の特徴二）

クチクラの外骨格は軽くて丈夫なため、細長い脚や薄くて広い羽をつくることができ、それによって昆虫は大きな運動能力を獲得した。

歩　く

ヒトであれ昆虫であれ、脚というものは体から突きだした細長くて硬い棒状のものである。これを振り動かして歩く。動かす原動力は脚の付け根にある筋肉で、車にたとえればこれがエンジン、動かされている棒状の骨がトランスミッションと車輪に対応すると考えればよい。

脚がなぜ細長い形状をしているかといえば、長いほど歩幅が大きくなり、速く歩けるようになるからである。これは脚を梃子《てこ》として使っているとみなしてよい（コラム参照）。脚は軽くて長い方がよく、だから脚の材料には、軽く、細長くしても折れない丈夫なものが求められる。キチン質のクチクラは、まさにうってつけの材料なのである。

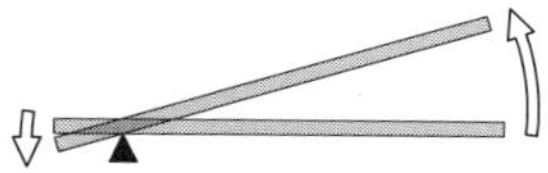
２－３　梃子

†コラム　脚は梃子・脚は細長い円柱形

脚は昆虫でもわれわれでも、細長い円柱形をしている。脚が細長いのは、梃子の原理を使って歩幅を広げ、歩く速度を高めているからである。梃子とは一本の棒が、片方の端に近い場所で支えられているものである（支えている点が支点）。ふつうは支点に近い端に荷物を載せ、逆の端を持って動かし、小さな力で重いものを動かすのに梃子を使う。つまり力を増幅するために使っている。このとき、重いものを少し動かすためには、力を加える側の端は大きく動かさねばならない（図）。

この梃子の仕組みを反対に使い、支点に近い端を少し動かすと、遠い端はずっと大きく動くから、動きを増幅できる。距離の増幅にもなるし、動く速度の増幅にもなる。動物の脚はこの逆梃子の原理を使っているのである。脚の付け根を筋肉で動かし、脚先で地面をける。脚が長ければ長いほど、脚先は大きく速く動く。

ただし長い棒はたわみやすく折れやすい。折れてしまえば元も子もないし、たわめばしっかり地面をけることができない。そうならないためには脚を太くすればよいのだが、それでは重くなって振り動かすのに多大なエネルギーがいる。そこで、細長くても丈夫になるように、どの方向から曲げの力が加わっても強い形をとる必要がある。

物は薄い方向に曲がりやすくて弱い。厚さがどの方向でも同じになるのは円であり、円には弱い方向がない。だから脚の断面は円形がいい。長くて強い梃子が脚。そのために脚は円柱形をとるのである。

関節

脚をつくる材料として、クチクラにはさらなる利点がある。関節をつくるのが簡単なのである。そもそも関節がなければ脚は働けない。脚と胴との結合部が動ける関節になっていてはじめて歩行が可能になる。

ヒトの場合、脚を支えているのは骨盤《こつばん》という体幹の骨であり、骨盤と脚の骨（大腿骨《だいたいこつ》）の間は股関節《こかんせつ》になっている。腿《もも》を動かす大腰筋《だいようきん》や大臀筋《だいでんきん》は、股関節をまたぐように骨盤と大腿骨の両方に足場を築いている。こうしたしっかりした足場があるからこそ、筋肉は力を出して働けるのである。そして骨盤と大腿骨との間をつなぐ股関節がなめらかな可動関節になっているから、脚はぎくしゃくせずに振れ動くことができる。さらに、脚は前後に揺れ動く一本の棒ではなく、途中に膝《ひざ》、足首、指と、何ヵ所かの関節をもっている。これにより、複雑な運動が可能になり、運動能力が格段に高まっている。

関節は運動に不可欠な構造であり、これは節足動物でも同じこと。節足動物とは足に節（=関節）のある動物なのであり、脚の関節群が、運動能力のきわめて高いこの動物群を示す名にされているのは象徴的と言えよう。

関節はきわめて大切なものだが、つくるのは容易ではない。われわれの関節のように骨と骨とが結合している場合に、骨同士が直《じ》かに接してこすり合えば、ごつごつざらして抵抗は増えるし、すぐに磨《す》り減ってしまう。そこで骨の末端部には軟骨がかぶせてあり、これにより滑りやすく、またそれがクッションにもなって衝撃を吸収する。さらに関節液という潤滑剤で接触面を浸して抵抗をぐんと減らす。また脚が過度に引っ張られたり大きな角度で曲げられたりしたならば、関節が脱臼《だっきゅう》して骨と骨とはばらばらになってしまうから、そうならないように、靭帯《じんたい》というしなやかな強いひもで骨と骨とをつないでいる。

関節とはこのようにきわめて手の込んだ複雑な構造物である。だからこれを破損すると、名医の手を借りてもなかなか元通りに直すのは困難だし、ふつうに使っていても、長い間には関節は磨り減っていく。歳をとれば、まずがたがくるのが関節。今、しみじみそれを体感している。

これほど関節の構造が複雑になるのは、硬くて変形しない骨という材料を用いて、曲げ伸ばしの変形ができる脚のような構造物をつくろうとするからである。もし骨が硬い一方のものではなく、途中で曲げのばししたいと思えば、そこの部分だけを軟らかく曲がるよう変えられるものだったら、一本の骨だけで腰から脚先まですべてをつくれてしまう。そうなれば、関節は材料の硬さを場所ごとに変えるだけで済み、構造はきわめて単純になるはずだ。

それをできるのが昆虫の骨格なのである。昆虫のクチクラはタンニングの度合いにより、硬くするのも軟らかくするのも自由自在。だから曲げたいところだけタンニングをあまりせずに軟らかくしなやかなままに保ち、残りのところは強くタンニングをして硬くすれば、自由に曲がる脚が簡単にできてしまう。昆虫の脚は、関節部のクチクラが軟らかくて薄い膜状の節間膜になっており、そこでしなやかに屈曲する（図2―4）。節間膜という別の名前になっているが、脚の残りの硬い部分と一続きになったクチクラである。このようにクチクラという同じ材料で、真っ直ぐの棒の部分も曲がる関節の部分もつくれるため、軟骨・靭帯・関節液はすべて必要ない。おかげで構造がきわめて単純になり、その分、軽くて安上がりにつくれて故障も生じにくく、たとえ故障しても修復は容易。クチクラの威力が関節部に遺憾なく発揮されている。

ただしいくら簡単になったとはいえ、過度な変形が起こって節間膜がちぎれないように等々、構造上の配慮は必要であり、昆虫の関節もそれなりに複雑な構造をもっている。それは同じ節足動物であるカニの脚を食べればわかるだろう。

カニの脚を食べてもう一つわかることは、筋肉（食べる部分）は殻の中に入っていること。この構造が外骨格というもので、関節を動かす筋肉は骨格の内側にあり、われわれとは逆である。

図2—4からわかるように、関節では、関節を曲げる筋肉と伸ばす筋肉とがペアになって配置されている。これはわれわれでも昆虫でも変わりはない。その理由はコラムで説明しておいた。

---

†コラム　筋肉はペアで働く

関節部には、関節を曲げる筋肉（屈筋）と伸ばす筋肉（伸筋）がペアになり、関節をまたいで筋肉が配置されている。なぜペアなのかを説明しておこう。

屈筋も伸筋もたくさんの細長い細胞（筋細胞、形が繊維状なので筋繊維とも呼ばれる）の束からできている（図2—5）。そして一つひとつの筋細胞を見ると、その中にはアクチンというタンパク質でできた細長い繊維と、ミオシンというタンパク質からできた、やはり細長い繊維が、筋細胞の長軸方向に平行にぎっしりと詰まっている。つまり細胞の束も細胞そのものも、細長い繊維状のものからできているのである。筋肉とは、太い繊維（糸）の中に細い糸が、その糸の中にさらに細い糸がと、入れ子になった糸の束でできたひもだというところがポイント。

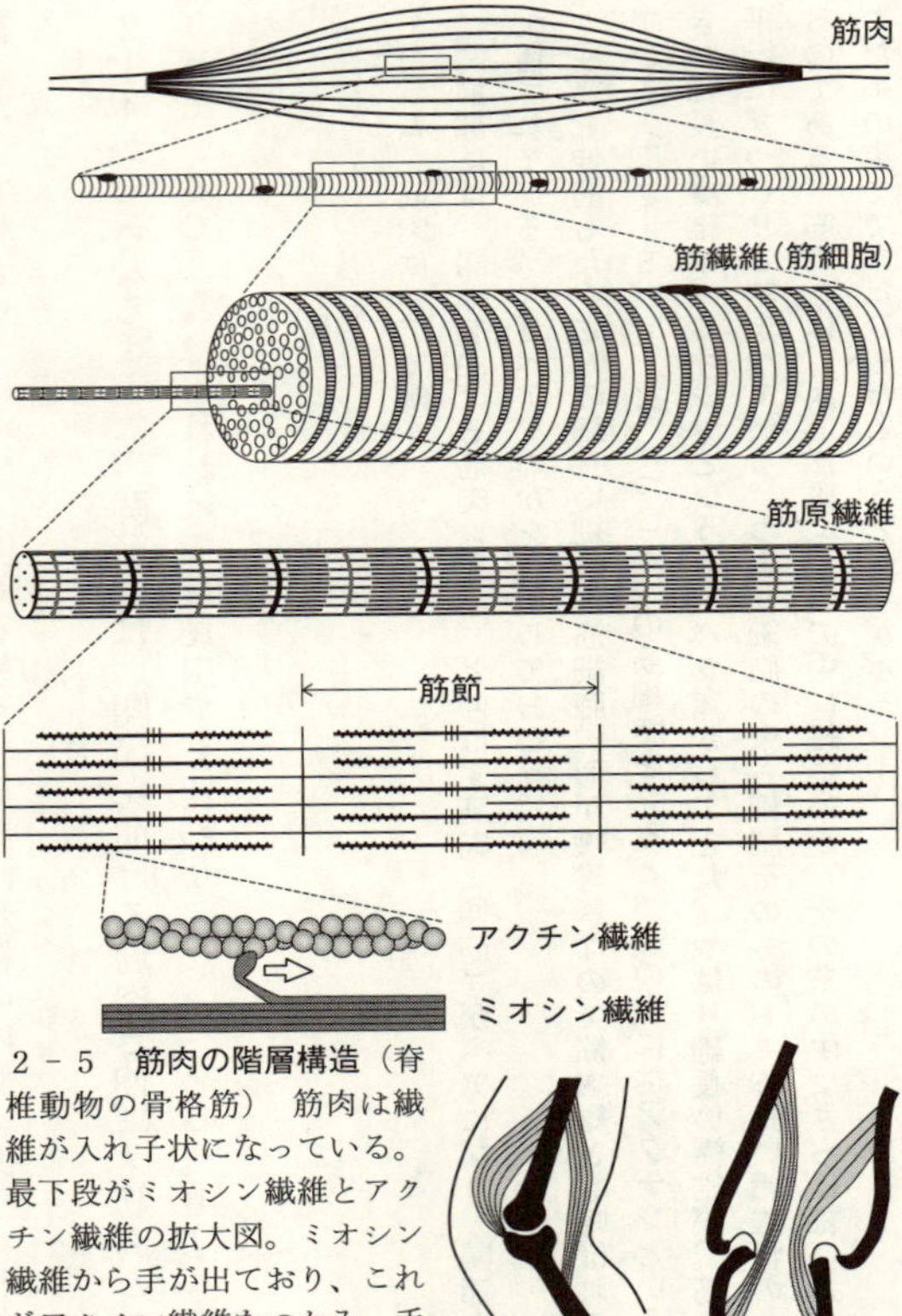

2－5　**筋肉の階層構造**（脊椎動物の骨格筋）　筋肉は繊維が入れ子状になっている。最下段がミオシン繊維とアクチン繊維の拡大図。ミオシン繊維から手が出ており、これがアクチン繊維をつかみ、手首をカクンとふることにより、矢印の方向にアクチン繊維を動かし、アクチン繊維が繊維束の間に滑り込む。その結果筋繊維が収縮する

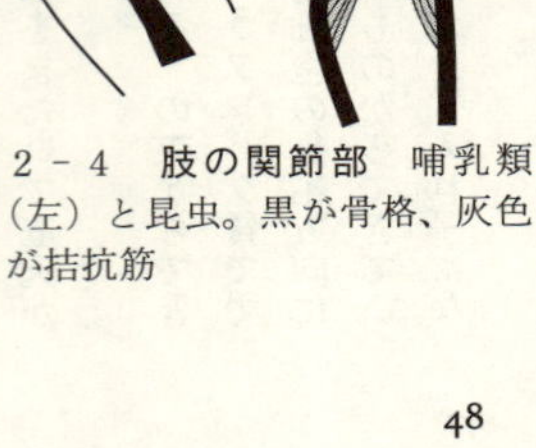

2－4　**肢の関節部**　哺乳類（左）と昆虫。黒が骨格、灰色が拮抗筋

さて、ひもというものは、引っ張ってたぐることはできるが、逆に押そうとしてもへにゃへにゃしてしまうものである。だから筋肉は縮むことはできるが、押すことはできない。他者を押すことができな

いだけではない。いったん縮んだら、自分自身でさえも元の長さに押し戻すことができないのである。元の長さに戻るには他の筋肉に引っ張ってもらわねばならない。ここが筋肉の抱えている問題で、筋肉は一人では働けないのである。

この問題は、お互いに引っ張り合えるよう、反対方向に縮む他の筋肉とペアを組むことにより解決できる。このペアは、屈筋と伸筋とで組まれる。自分の腕を見ながら、ひじを曲げ伸ばしすればイメージしやすい。屈筋が縮んで関節が曲がれば、関節の逆側にある伸筋は引き伸ばされる。次に、引き伸ばされた伸筋が縮むことで関節が開けば、今度は屈筋が引き伸ばされる。引き伸ばされれば、屈筋は再度働いて関節を曲げることができる。屈筋と伸筋のように反対方向に働く筋肉を拮抗筋《きっこうきん》と呼ぶ。筋肉たちは互いの拮抗筋とペアを組んで働いている。

ただし拮抗筋のペアだけではまだ問題解決には至らない。ペアの間に骨が介在していないと、曲げては伸ばしを繰り返すことは不可能だからである。骨がなく、二本の拮抗筋が並行に貼り合わさって並んでいただけならば、一方の筋肉が縮むと、もう一方もそれに引きずられて短くなってしまう。縮んだ筋肉は自力で伸びることはできないので、どちらの筋肉も元の長さに戻ることはできず、これ以上、筋肉は働けない。長さが変わらない（筋肉と一緒に縮まない）骨が間に入っているからこそ、その両側の拮抗筋が機能し続けられる。「関節で曲がることはできるが長さは変わらない硬い棒」、それが脚の骨であり、この棒があってはじめて脚の拮抗筋は働くことができる。脚の骨は梃子としての役割ももちろん重要なのだが、そもそも筋肉が働くために必須のものなのである。

飛ぶ

飛ぶところが昆虫の大きな特徴。羽を打ち振って飛ぶのだが、この羽にクチクラの威力が遺憾なく発揮されている。昆虫の羽は厚さ〇・一ミリメートル程度。あんな薄っぺらに広がったものを振ったら、へにゃへにゃして空気を押すことなど、とても無理だと思えてしまうが、あれでちゃんと飛ぶ。海を渡ってしまうチョウまでいるのだから、驚くべきことである。

別の驚異もある。カが飛んでくるときはプーンと音がするし、ミツバチはブンブンいう。羽を一秒間に数百回も振るわせており、その振動が音として聞こえるのである。鉄の薄板だってそんなにすばやく振動させ続ければ、すぐに金属疲労を起こして壊れてしまう。

さて、羽を生やして飛べたおかげで、昆虫は餌を探すにも敵から逃れるにも、また、子孫を広くばらまく上でも、きわめて有利になった。飛べる有難味は、昆虫のように小さなサイズのものにとって、とりわけ大きい。歩く場合には、移動のコスト（一キログラムの体重を一メートル運ぶのに必要なエネルギー）は体が大きいほど安くなり、それと関係するが行動圏の大きさは、動物の大きさ（体重）にほぼ比例する。だから小さいものは行動範囲がきわめて限られてしまうのだが、飛べば行動範囲がぐんと広がる。同じ体の大きさなら、歩くより、同じエネルギーを使ってずっと遠くまでいけるからである。

飛ぶ方がエネルギーを使わないというのは奇妙に聞こえるだろう。もちろん、体を空中に持ち上げるには大きなエネルギーが必要で、その瞬間で比べたら、飛ぶには歩くより大量のエネルギーがいる。だが、飛べば断然速い（飛ぶ昆虫は時速二〜四〇キロメートル、歩くものはせいぜい時速一〇〇メートル程度）。飛べば何十倍何百倍も速く、おかげで同じ距離を行くのに必要なエネルギーを比べると、飛行は歩行よりエネルギーが少なくて済んでしまうのである。また、歩く場合は障害物があれば回り道をしなければならないが、飛べば真っ直ぐ最短距離を行け、さらにエネルギーを節約できる。昆虫は体が小さいため、風に乗り、タダで遠くまで運ばれるという芸当もでき、ますます省エネになる。飛べたことが被子植物との共進化を可能にし、おかげで食物供給源を確保でき、かつ種数の増大にもつながった（後述）。

昆虫の飛び方には二種類のものがある。①トンボのように大きな羽をゆっくりスイスイと動かすものと、②ハチのように小さな羽をブーンとすばやく振るわすもの。羽を動かすメカニズムがこの二つでは違う。

羽をゆっくり動かすもの

トンボ・バッタ・ゴキブリなど古いタイプの昆虫の飛び方で、羽ばたく頻度は一秒間に三〇回（三〇ヘルツ）以下。これらの昆虫では飛ぶための筋肉（飛翔筋《ひしょうきん》）が直接羽を引っ張って動かしており、このようなタイプの飛翔筋を直接飛翔筋と呼ぶ。

昆虫の羽が生えているのは胸部であり、胸部も当然、硬いクチクラの板で囲われている。背側を覆っているクチクラの板が背板《はいばん》、腹側を覆っているのが腹板《ふくばん》、両脇を覆っているのが左右の側板《そくばん》である。羽の根元が胸部に関節を介して結合している場所は、背板と側板の境目の部分。その関節が支点となって羽が上下に動く。羽は、その支点から少し胸の内側まで伸びていて、そこに羽を打ち上げる筋肉が付着している。逆に、支点より少々羽の先端側には、羽を打ち下ろす筋肉が付着している。どちらの筋肉も、羽とは反対側では下方の腹板と接続している。このように配置された筋肉を交互に収縮させることで、羽を上下に羽ばたかせる。筋肉を縮ませる指令は、神経から電気信号（神経インパルス）という形で発せられる。筋肉が一回収縮するごとに、そのつど神経から神経インパルスが出る。つまり神経の活動と筋肉の活動とが一対一に同期しており、このような筋肉は同期筋と呼ばれる。ゆっくり羽ばたく昆虫において、羽を動かしている筋肉は、直接筋であり、かつ同期筋なのである。これはわれわれが手足を振り動かす場合とまったく同じ。手で羽ばたくまねをすれば、トンボの羽ばたきをそっくりまねていることになる。

羽をすばやく動かすもの

ハエ・カ・ハチ・甲虫などは、羽を一〇〇〜一〇〇〇ヘルツという高い振動数で振り動か

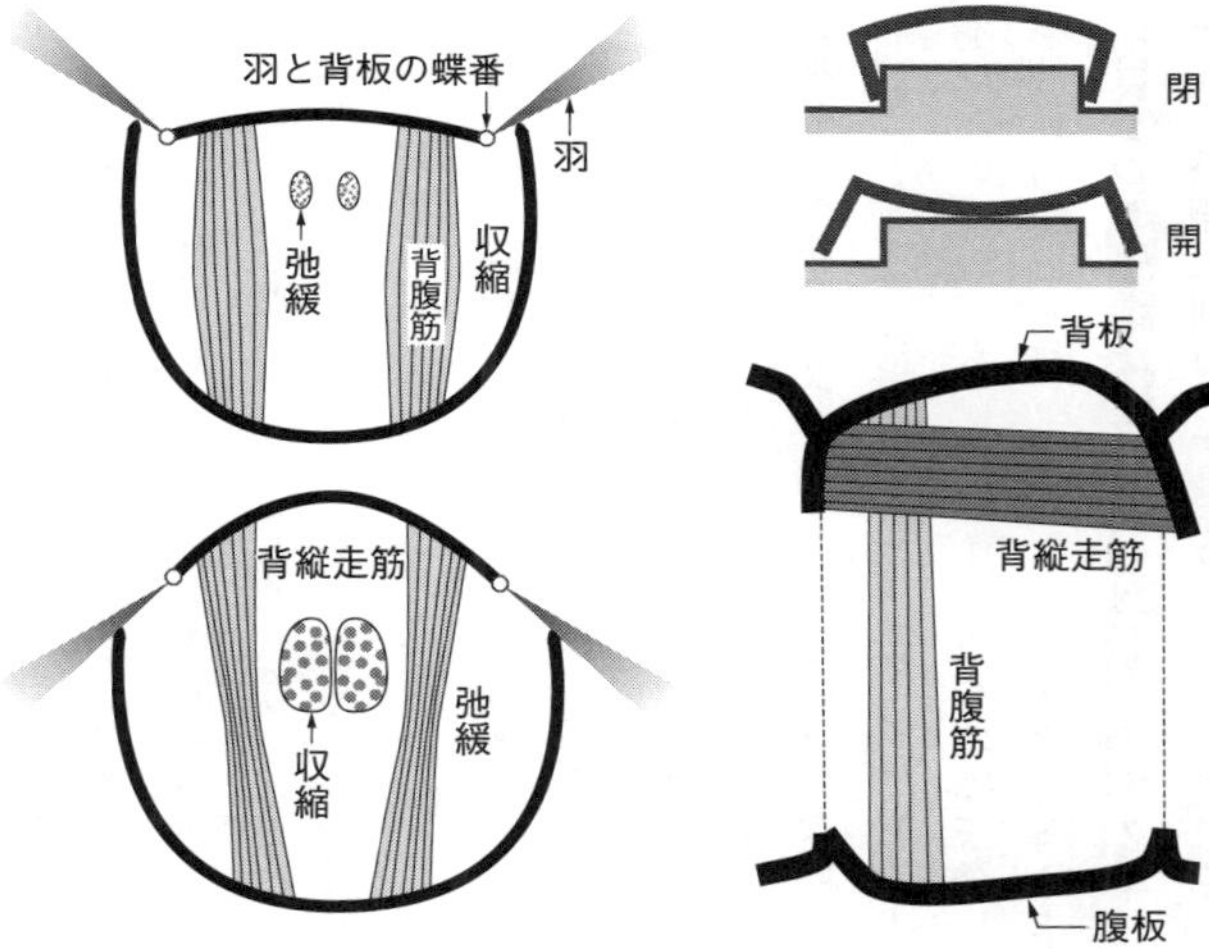

２－６　**間接飛翔筋**　胸部横断面（左）と縦断面（右下）／缶の蓋（右上）　上に凸の閉じた状態と、凹の開いた状態

す。これは特別な飛び方で、それに関わっている飛翔筋も特別。この筋肉は次のような大変不思議な性質を示す。

①飛翔筋は羽に、直接は付着していない

きわめて不思議なことだが、筋肉が直接羽をひっぱって上下させてはいないのである。筋肉は間接的に羽を動かしており、このタイプの筋肉は間接飛翔筋と呼ばれる。

羽を打ち上げる筋肉は、背板と腹板とを上下方向につないでいる背腹筋であり、羽を打ち下ろす筋肉は、胸部の背側を前後方向に走っている背縦走筋である。背板は前端と後端が内側に湾曲しており、胸の体節を箱だとすると、背板はちょうどドーム形にふくらんだ上蓋のようなもの。背縦走筋は、その蓋の前と後ろの内側のへりに付着し、蓋を縦断するように前後に走っている。結局、羽を上げる筋肉（背縦走筋）も羽を打ち下ろす筋肉（背腹筋）も羽に結合しておらず、さらに二つの拮抗筋のペアが、体を横から見ると十文字に直交している（図2―6）。まことに不思議な配置であり、これでどうやって羽を動かすのかととまどってしまうだろう。

②羽を非常に速く振動させる　羽の振動数は一〇〇ヘルツを超している。この一〇〇ヘルツ、つまり一秒間に一〇〇回の振動は普通の筋肉が収縮と弛緩《しかん》を繰り返すことのできる速さの上限であり、その上限をどうやって超えているのだろう。また、筋肉というものは速く収縮させると弱い力しか出せずにパワー不足になるものだが、この筋肉は飛ぶという、きわめて大きなパワーが必要とされる仕事をこなしている。

③神経のインパルスがたまにしかみられない　羽をこれだけの頻度で振り動かしているのに、「羽を動かせ」と指令する神経インパルスがたまにしか出ない。たとえば一秒間に一二〇回羽ばたいていても、神経インパルスは三発しか出ていないのである。羽の動きと神経インパルスが同期しておらず、このような筋肉は非同期筋と呼ばれる。

以上の不思議な性質は、胸部のクチクラも飛翔筋も、どちらもバネのような性質を示し、それを飛翔に利用していることから生じてくる。

胸部クチクラのバネ

胸部クチクラのバネの働きをイメージするには、ブリキの一斗缶（灯油やシンナーを入れるのによく使われている）の丸い蓋を思い浮かべるといい（図2—6、タブレット菓子や紅茶の缶にもこのタイプの蓋が使われていることがある）。この蓋は、脇の部分が何本にも分かれた爪《つめ》になっており、この爪で本体の注ぎ口を脇から押さえつけて蓋が開かないようにしている。蓋の中央部がちょっとふくらんでおり、開けるときにはそこを押し込む。するとパチンと蓋の上面全体が凹み、それと同時に脇の爪が横に広がって蓋がとれる。蓋をするときには、脇の爪を内側に少し押すと、やはりパチンとすべての爪がすぼまって缶の注ぎ口に食い込んで蓋が閉まり、同時に蓋の真ん中が再度ふくらむ。これには金属の示すバネのような性質（弾性体としての性質）が利用されている。真ん中が凹んで爪が開いた状態と、真ん中が凸になり爪がすぼまった状態という二つの状態だけが安定した形で、それ以外の形状にはとどまれないようにブリキを成形して作ったものである。

昆虫の背板はクチクラ製であり、これは弾性体としてふるまう。背板は少々上に凸で、前後の端が内側に曲がっており、缶の蓋そっくりと言っていい。そして蓋と同じように働くのである。蓋は、上に凸の中央部を指で押せばペコンとへこんで爪が開いたが、昆虫の場合、指で押すかわりに胸の内側を上下に走っている背腹筋が縮んで背板を下に引き下げれば、凸形の背板がペコンとへこむと同時に前後の「爪」が開き、前の爪から後ろの爪へと走っている背縦走筋が引き伸ばされる。逆に引き伸ばされている背縦走筋が縮めば、爪が内側に引かれると同時に背板はポコンと上に凸となり、今度は背腹筋が引き伸ばされる。こうして、背板を介して直交している二つの筋肉が拮抗筋として働く。背板は二つの形を交互にとり、この変換が羽の上下運動とカップルすることによってカやハチは羽ばたくのである。

そのカップルの仕方は次のとおり。羽の根元は背板のへりと関節を介してつながっており、羽の根元から少しだけ先端側は側板の上に載っていて、そこが羽の支点として働く（図2―6）。背板が背腹筋によりペコンと平らになって下がると、背板とつながった羽の関節の位置が、側板の上に載った支点よりも下になって羽が上がる。羽を打ち下ろす際には、背縦走筋が収縮して背板がポコンと上に凸となる。すると背板と羽の関節部が引き上げられ、その結果、羽が打ち下ろされる。

飛翔筋のバネ振り子

十文字に走っている筋肉で、どうやって羽を上下させられるのかの謎が解けたところで、ではなぜハチが非常に高い振動数で羽ばたけるのかの謎解きに移ろう。これには非同期飛翔筋の特別な性質が関与している。

どう特別かを理解するためには、まず普通の筋肉のことから説明しなければならないだろう。われわれの骨格筋（手足を動かす筋肉）は、筋細胞内のカルシウムイオンの濃度により収縮と弛緩が制御されている。筋細胞内にはカルシウムイオンの入った袋（筋小胞体）があり、神経から縮めという指令がくると、この袋からカルシウムイオンが放出されて細胞内のカルシウムイオン濃度が上がる。すると、ミオシンの手がアクチン繊維を引っ張れるようになり、筋肉の収縮が起こる（図2―5）。弛緩させるには、カルシウムイオンを再度袋の中に取り込む。筋小胞体の膜にはカルシウムイオンを汲《く》み入れるポンプがあり、エネルギーを使ってこのポンプを動かすことにより袋内にカルシウムイオンを取り込むのだが、ミオシンの働きを止める濃度にまでカルシウムイオン濃度を下げるには、それなりの時間がかかる。この時間が制約となり一〇〇ヘルツより速く収縮・弛緩を繰り返して振動することは不可能なのである。

非同期飛翔筋はこの問題を解決した。この筋肉では、神経の刺激を受けて飛翔モードに入ると、カルシウムイオンの濃度がある一定値に保たれて変化しなくなる。この状態の飛翔筋は、引っ張られると力を発生し、ゆるめると力もゆるむという特別な性質（伸展活性化）を示すようになる。引っ張られると力を出して元に戻ろうとするわけだから、これは筋肉がバネのようになったということである。だから飛翔中の昆虫の胸は、クチクラという弾性体でできた箱の内側に、天井から床へ、前の壁から後ろの壁へと、交叉《こうさ》する二本のバネが張られているものとみなすことができる。背腹筋が縮んで天井が下に引っ張られると、箱が前後に広がり(先ほどの説明に沿えば——爪が開き)、前後に走るバネ(背縦走筋)が引き伸ばされる。すると今度は引っ張られた背縦走筋が元に戻ろうとするため、前後の壁を引っ張って箱はポコンとまた天井の高い形になる。そうなるとまた上下方向のバネ(背腹筋)が引き伸ばされ……という具合に、箱は二つの状態を行ったり来たりを繰り返して振動する。この振動が羽を上下に駆動するのである。

これはまさにバネ振り子である。バネ振り子とはバネに錘《おもり》がついたもの。錘を引っ張って放すと振動し、外から力を加えなくてもずっと一定の周期で振動し続ける。この一定の周期を共振周波数と呼び、この値はバネの弾性率(バネの硬さ)と錘の質量で決まる。昆虫のバネ振り子は、筋肉とクチクラで構成されたバネに、羽という錘がついたものとみなしてよい。最初にちょっとだけ筋肉を刺激して収縮させてやれば、あとは自動的に羽の上下振動を繰り返す。

もちろん空気をはじめ、もろもろの抵抗があるので永久に動き続けるわけではなく、時々筋肉を刺激して収縮させないと羽ばたきは続かないし、筋細胞内のカルシウムイオン濃度を一定に保つのにも神経からの刺激がやはり時々必要になる。しかしそれら神経の刺激は、羽の振動数よりもずっと少ない回数で済む。羽の振動の周期は一定であり、カもハチも、それぞれ種に固有の共振周波数で羽を振り動かしており、彼らはそれ以外の周波数で羽を動かすことはできない（ただし筋細胞内のカルシウムイオン濃度を変えて筋肉のバネの「弾性率」をある程度は変化させられるため、羽ばたきの回数を少しは変えられる）。

音叉に共鳴箱をとりつけると、箱が音叉の振動に共鳴してふるえ、音を大きくすることができるが、昆虫のはばたき機構は、胸部が共鳴箱になっているとみなしてよいだろう（共鳴箱がばね振り子の原理で振動している）。この胸の共鳴箱のシステムは、速い振動を可能にし、共鳴箱の自動的な振動を使うため、飛ぶためのエネルギーが大いに節約される。もちろん飛翔筋はバネそのものではなく、バネに似た性質を示す状態になるにはそれなりのエネルギーが必要だが、共鳴箱のシステムを使わずに筋肉で直接上げ下げするよりはずっとエネルギーが少なくて済む。また細胞内のカルシウムイオン濃度を変える必要がないため、弛緩させるたびにカルシウムイオンを筋小胞体内に取り込むエネルギーがいらず、ここでも省エネになる。少ないエネルギー消費で動き回れればこんなにいいことはない。特に昆虫のように、体が小さくて大きな燃料タンクをもつことのできないものは、この共鳴箱のおかげで長距離飛行が可能になるわけで、この利点は大きい。

昆虫は小さな羽でも飛べる

高速で羽ばたくことは、小さな昆虫にとって必要なことであった。空中にもち上げるべき重量は昆虫の体積に比例するから、体長の三乗に比例している。一方、体を空中にもち上げる力（揚力）は体長の四乗に比例する。だから体が大きくなるほど揚力に余裕が出るので、大形の鳥はあまり羽ばたく必要はない。小さいものは必要な揚力を得るために、何度も羽ばたくか、体の割に大きな羽をもつかしなければならない。非同期飛翔筋のおかげで羽ばたきの回数を増やすことができ、おかげで羽が小さくても飛翔が可能になった。小さい羽は飛行の際に風の影響を受けにくく、また、目立たないから捕食者の目につきにくいというきわめて大きな利点もある。

非同期筋のシステムは昆虫の進化において、異なる系統で少なくとも四回独立に進化してきたと言われている。異なる昆虫のいずれもが同じ結論に達したわけで、それほどこのシステムは昆虫にとって適したものだと思われる。

昆虫の大きな跳躍力

バッタもノミも跳びはねる。多くのノミは一般に体長の数十倍跳ね上がるといわれている。

ケオプスネズミノミ（体長二・五ミリメートル）は五〇センチメートルも跳ね、これは体長の二〇〇倍。体長あたりにすればこれがチャンピオンのようだ。英語で「カエル跳び虫」という名のあるアワフキムシ（カメムシの仲間）もなかなかのもので、体長一センチメートル弱のものが七〇センチメートル（体長の七〇倍）の高さにまで達する。バッタの場合は、高く跳ぶとそのまま飛んでいってしまい比較にはならないが、体長五センチメートルのサバクトビバッタが跳ねてそのまま着地した時は、高さ二五センチメートル、距離一メートル程度のようで、体長の五倍まで跳ね上がり、二〇倍前方に着地する。

これらをヒトと比べれば、立ち幅跳び（助走をつけない幅跳び）の世界記録は三メートル七三だから、体長の二倍。立ち高飛びは一メートル六五（走り高跳びでも二メートル四五）だから、せいぜい体長かその一・五倍。跳び上がる距離そのものはヒトの方がずっと大きいが、体長あたりにすれば昆虫にはまったく及ばない。跳ね上がる際に受ける空気の抵抗は面積に比例し、体の小さなものほど相対的に面積は大きいから（七〇ページ、コラム）、大きな抵抗を受け不利なはずだが、なぜこれほど跳ね上がることができるのだろうか。

彼らが跳ねる時には、われわれのように、単純に脚の筋肉をすばやく動かし、地面をけっているのではない。昆虫はここでもバネの力を利用しているのである。ゴムのパチンコを思い浮かべればよいが、ゴムをゆっくりと引き伸ばす。筋肉はゆっくりと動かすほど、大きな力を発生できる。その大きな力をゴムに蓄えておき、一気に解放して石を射《う》ち出す。すると、直接手で投げるより、ずっと遠くに石は届く。

バッタの場合、このゴムのバネに対応するものは、おもに脚の関節部のクチクラである。クチクラを筋肉でゆっくりと引っ張って変形させてこれに弾性エネルギーを蓄える。

ノミの場合はレジリンという、ゴムのような弾性を示す特別なタンパク質が主役である（レジリンの名は、弾性を意味するレジアンスに由来）。このレジリン、昆虫から取り出して丸めて高い所から落とすと、ほぼ同じ高さにまで跳ね返ってくる。弾性エネルギーのなんと九七パーセントが位置エネルギーに変換されるという、ほぼ完全弾性体に近い性質を示すタンパク質なのである。これほどの性能のゴムは工業界にも存在せず、レジリンを遺伝子操作で大量に作る研究が行われているようだ。

ノミがジャンプするのには、後脚を使う。後脚が胸と接続している関節をロックして脚をまず動かなくする。そして胸部の背腹筋（これはよく発達した筋肉で、ふつう飛翔に使われる）を収縮させる。すると胸部の骨格（ここにレジリンがある）が圧縮され、クチクラとレジリンに弾性エネルギーが蓄えられる。こうしておいて、関節のロックを解除し、そのエネルギーを一気に解放して脚を動かし、脚の先端で地面をけって跳ね上がる。

レジリンは羽の関節部にもみられ、これがノミでは跳躍に使われるようになったと考えられている。

3　気管（昆虫の特徴三）

飛ぶというのはきわめて激しい運動であり、短時間に大量のエネルギーを消費する。細胞内でエネルギーの供給源として使われるのはATP（アデノシン三リン酸）だが、細胞がもつATPの蓄えは少ない。だから使われたらすぐにATPを補給する必要がある。ATPは細胞内のミトコンドリアにおいて、糖を酸素で「燃やして」つくられる。糖のほうは細胞内に蓄えがきくが、酸素は貯蔵できない。だから飛翔筋という酸素を大量に消費する細胞には、絶えず外から酸素を供給する仕組みが必要になってくる。

酸素の獲得vs.水分の損失

われわれの場合は肺から酸素を取り込み、それを血流に乗せて筋肉まで運ぶ。肺は細かい袋（肺胞）に分かれており、肺胞の空気に接する表面は常に水で濡れている。酸素はまずこの水に溶け込み、それから肺胞の薄い壁とそれに接している毛細血管の壁を通過して酸素は血液中に入っていく。この「肺の表面が濡れている必要がある」というところが大問題で、乾いた新鮮な外気が絶えず流れていくのだから、濡れた肺胞の表面から水がどんどん失われていき、それが呼気とともに体外に逃げていく。寒い朝に吐く息が白いのは逃げ出した水分が凝結して見えているのである。激しく呼吸すればするほど、水も失われてしまうわけで、呼吸に伴う水の損失をいかに小さくするかが陸上生物の大きな課題。とくに昆虫のように、体が小さくて水分のストックが少ない上に、陰にならないかんかん照りの乾いた空中を、大量の酸素を使って飛び回るものにとって、これは是が非でも解決しなければならない大問題である。

そこで昆虫は、われわれとは全く違う発想の酸素供給系を開発し、この問題をあらかた解決した。ふつうの動物は血管という、養分も酸素もその他なんでも運ぶ運搬系を使って酸素を運ぶが、昆虫は、血管とは別に、酸素専用の運搬システムをつくった。これが気管系である。

血管は水（血液の約九割は水）の詰まった管だが、気管は空気の詰まった管である。われわれも気管という名の管はもっているが、これは口から肺まで空気を運ぶだけであるのに対し、昆虫の気管は、体表から、体内の各細胞まで入り込んでおり、細胞に酸素を直接手渡す。気管の体表側の端では空気の取り入れ口である気門が開いている。気門は体の両側にあり、胸から腹部の後端まで、たとえば胸に二個、腹に八個（片側の数）開いている。気管の気門とは逆の端（細胞側、末端側）に近いところでは、気管は細く枝分かれして毛細気管（気管小枝）になっており、これが細胞の表面にまで達している。さらに、飛翔筋のように酸素の需要の激しいところでは、気管は個々の細胞の表面を押し込むようにして内部にあるミトコンドリアの近くまで入り込む（図2—7、ただしあくまでも気管は細胞膜の外側に留まっている）。

われわれのように血液で酸素を運ぶ場合、心臓というポンプを（エネルギーを使って）動かして血流を起こし、それに乗せて酸素を運ぶ。ところが気管では、気門から細胞まで酸素分子が、拡散という現象により移動していく。分子はすべて濃度の濃い方から薄い方へと自然に動いていく性質を示す。これが拡散。動いていく速度は濃度勾配《こうばい》に比例する。酸素を使う細胞側の酸素濃度はごく低く、外気に接する気門側の酸素濃度は高いから、この大きな濃度勾配により、酸素が自然にすみやかに体内へと拡散していく。とりわけ何もしなくても移動していくので、酸素を供給するためにエネルギーは必要ない。

われわれの場合にも、肺に接する血管と、酸素を使っている組織の細胞に接する毛細血管との間で、やはり酸素の濃度差がある。ということは、酸素は自然と血管の中を拡散して細胞までたどりつくはずで、ポンプで血を末端の細胞まで送る必要はないと思うかもしれない。ところがそうはいかない。水の中を酸素が拡散していく速度はきわめて遅く、空中の一万倍も時間がかかる。だから血中を拡散で酸素を運ぼうとすると時間がかかりすぎて細胞の需要に追いつけず、どうしてもエネルギーを使ってポンプを動かし、血流を起こして酸素を送りこまねばならないのである。

気管は水分が逃げにくい

先ほど、呼吸にともない、体から水が逃げていくのが問題だと言った。昆虫の気管は、細い管が網の目のように体内に張りめぐらされている。その管の表面を通して水が逃げていかないのだろうか。

そこを昆虫は上手に解決している。気管は体表が体内へと入り込んだものであり、気管の内面は、じつは体の表面。この面は他の体表面同様、クチクラで覆われていて水を通さない。だからここから水が逃げていくことはない。

クチクラに覆われていないのは末端の毛細気管の部分だけであり、ここからはどうしても水は逃げてしまうのだが、それに関しても昆虫は工夫を凝らしている。工夫には二つある。

①毛細気管の直径は〇・二マイクロメートル（一万分の二ミリメートル）この太さには意味がある。これは酸素分子の平均自由行程の二倍なのである。平均自由行程とは、自由に飛び回っている分子が隣の分子とぶつかるまでに動く距離。もし管の直径が平均自由行程と同じくらいなら分子はしょっちゅう壁に衝突してしまい、管内を自由に拡散していけない。直径が

二倍くらいあれば、酸素の濃度勾配に従って壁にじゃまされずに拡散していける。細胞が酸素を使えば体外と細胞との間の酸素濃度勾配はきわめて大きくなり、自由に動き回れる酸素は細胞内にどんどん入っていく。同時に水の分子も拡散で出ていくが、体外の湿度は、乾燥注意報が出ている時でも二五パーセント程度であり、濃度勾配はたかだか四倍でそれほど大きくはないから、拡散で出ていく量は抑えられる。

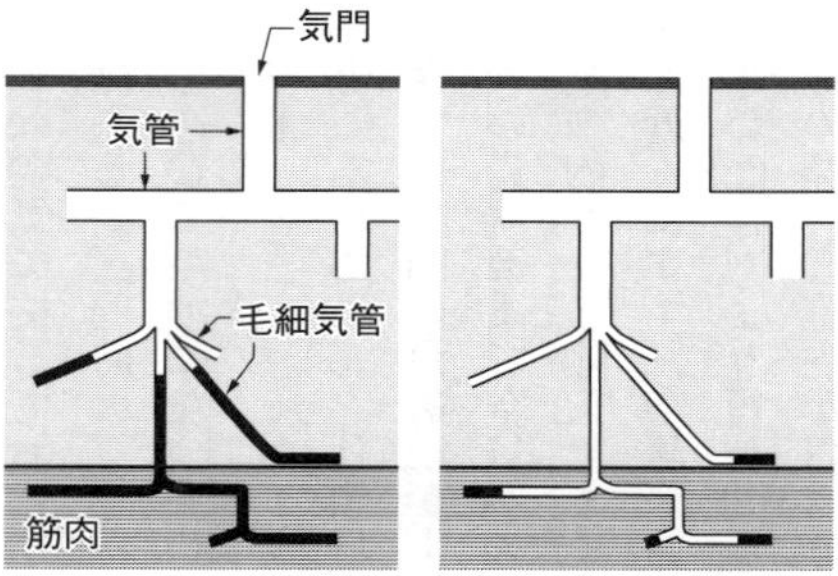

2－7　**気管**　筋肉の休止時（左）と活動時。活動時には、毛細気管の先の水が詰まった部分（黒塗り）は先端部のみになる

もし気管の直径がさらに大きければ、管の中の空気は攪拌《かくはん》されやすくなり、昆虫が運動することで空気の流れが起こり、それに乗って水が逃げていく恐れがある。気管の直径が〇・二マイクロメートルというのは、酸素は入ってくるが水は出ていきにくい、絶妙の太さなのである。

②毛細気管内の水　毛細気管の壁はクチクラで覆われておらず、この壁を通して水は逃げる可能性があるのだが、じつはこの部分には水が詰まっている（図）。だから毛細気管の壁全体が空気に接しているのではなく、管の中の水と空気の界面のみのごく狭い面積でし

か水は空気に接しておらず、水の逃げる表面積はごくわずかである。これは大変結構なことではあるが、同時に、毛細気管の水に酸素が溶けて入ってくる面積も、このごくわずかの面積を通してだけになってしまうわけで、いくら節水になっても、これでは酸素供給系としては失格。

ところがちゃんと仕掛けが存在する。筋肉が激しく収縮すると細胞内に代謝産物がたまってきて細胞内の浸透圧が上昇する。すると毛細気管内の水は細胞内に吸収されるため、毛細気管の先端部まで空気が入り込み、細胞が空気に接する面積が増える。毛細気管の先端部は細胞の内側へと陥入してミトコンドリアの近くまで入り込んでいるから、ミトコンドリアのすぐ近くにまで、空気が届くことになる。液体中より気体中の方が酸素の拡散速度が格段に大きいから、より短時間でミトコンドリアまで酸素を届けることができるのである。もちろんその際、細胞内から水分が毛細気管へと逃げはするのだが、この状態は、酸素をさかんに使う時、つまり筋肉を激しく収縮させる時にのみ起こるので、不必要な水の損失は抑えられている。

このように気管系は水を失わずに効率よく酸素を供給する仕掛けを備えたシステムであり、昆虫が陸上を制覇し、さらに空へも進出する上で、きわめて重要な役割をはたした。気管系も、非同期飛翔筋と同様、進化の過程でいくつかの仲間の昆虫において独立に進化したと考えられている。

4　体のサイズ（昆虫の特徴四）

生物はもともと海で生まれた。三〇億年以上海だけで生活していたのであり、陸へ上がったのはわずか四億五千万年前以降。それもきわめて限られた仲間だけが上陸に成功したにすぎない。その限られた仲間の一つが昆虫なのである。

陸に上がるのは簡単なことではなかった。最大の困難が水の調達。生物の体は重量にして六〜八割が水なのであり、細胞の中身は八五パーセントが水。そんなじゃぼじゃぼの水環境の中で化学反応が起き、その化学反応によって生命が維持されている。水がなければ化学反応が進まず、生きてはいけないのである。他の天体に地球型の生命がいるかを判断する際、まず液体としての水があるかを調べるのはこのためである。地球は水の星であり、海という水だらけの環境で生命が発生したのだが、だからこそ生物の体は細胞の中もそれを浸している体液（血液など）も水だらけなのであり、そういう体のつくりを、陸に上がった後も、昆虫もわれわれも保ち続けている。生物は水に住もうが陸に住もうが、水っぽいものなのである。

水の入手は、海に留まっている間は問題にならなかったのだが、陸に上がったら大問題。たとえ水の入手に成功しても、その後も大変で、まわりの空気は乾燥しているから、体からどんどん水は蒸発していき、すぐに干からびてしまう。干からびてしまったら生体の化学反応は進まず、生きていけない。

乾燥は、とくに体の小さいもので問題になる（コラム参照）。昆虫という体の小さなもので も陸で住めるようにしたのが昆虫の外骨格だった。水を通さないワックス層を表面にもっており、体を撥水《はっすい》性の材料ですっぽりと覆って水が体から逃げていきにくくしている。クチクラの外骨格により、昆虫は節水型の体をつくることができた。

---

†コラム　体の大きさと乾燥しやすさ

球形の生物がいるとしよう。直径をdとすると、

表面積　$S = \pi d^2$

体積　$V = \pi d^3/6$

体積当たりの表面積　$S/V = (\pi d^2) \div (\pi d^3/6) = 6/d$

球の表面積は直径の二乗に比例し、体積は直径の三乗に比例する。だから体積当たりの表面積は体の長さに反比例することになる。つまり体が小さいと体積当たりの表面積が、相対的に大きくなる。体の体積は、体がもっている水の量に比例し、表面積の方は水の損失量に比例する（水は体の表面か

ら逃げていくため)。だから小さな生物は手持ちの水が少ないのに逃げていく水の量が相対的に多くなり干上がりやすい。小さなものが陸で生活するのは、ことのほか困難なのである。

昆虫以外の体の小さなもので、陸上で活躍している動物といえば、マイマイなどの軟体動物がある。これも殻で体を覆っている動物である。ただしマイマイが活動する際には殻の外に体の多くの部分を出すために乾燥しやすく、そのため、湿度の高い時にしか活動できない。晴れて乾燥した日には殻の中に入って蓋をして閉じこもっている。また土の中にはミミズなど小さい動物たちが住んでいるが、土はかなりの水を含んでおり、土中とは半分水に浸かったような環境であり、乾燥の心配は少ない。

というわけで、陸上の乾燥した状態でも活発に活動できる体の小さな動物は昆虫以外にいない。爬虫《はちゅう》類、鳥類、哺乳類(すべて脊椎動物)も陸で成功しているが、これらは体の大きな仲間である。昆虫は体の小ささを克服して陸の王者になった。その成功の鍵を握っていたのがクチクラの骨格である。

小さいということは、乾燥しやすいという困難な面もあるのだが、良い面もある。そもそも小さいものは数が多くなれる。

これは生物に限った話ではない。何でもそうで、たとえば地面の凸凹を例にとると、エベレストほどの凸凹は一つだが、二、三千メートルクラスなら日本にも三〇〇以上ある。凸凹が小さくなればなるほど数がふえ、砂粒ほどの凸凹なら無量大数。

生物だって、大きいものほど種数も少ないし個体数も少ないものだ。大きい個体は養うのに大量の資源が必要だから、そもそもそんなにたくさんの数を地球は養えない。

進化の歴史から考えても、小さいものは生殖可能になるまで成長するには時間がかからないから、多様化しやすいのである。その理由として、

①小さければ世代交代の時間が短いから、どんどん変異を生み出す。

②小さいと環境の変化にも弱いから、それらの変異がどんどん淘汰《とうた》される。環境に接するのは体表だから、表面積が相対的に大きい小さな動物は、環境の影響をより強く受け、環境の悪化で死にやすいのである。

つまり小さいと個体数が多いから、変異した個体がどんどん生まれバタバタ死ぬことになり、時には他と違って優れた変異が生じる。

③小さいものは行動範囲が狭いから他の集団から隔離されやすく、その優れた変異が新しい種となって定着しやすい。

④小さければ少量の食物でやっていけるので、まばらにしかない餌を食うように特殊化した種でも生存できる。

というわけで、昆虫がかくも種数も個体数も多い、つまり大成功しているのには、体が小さいことが大いに関係しているのである。

5　被子植物との共進化（昆虫の特徴五）

昆虫の種が多いのには、さらに理由がある。被子植物との共生である。これにも体の小ささが関係している。被子植物とはきれいな花を咲かせる植物で、陸上植物中、最も成功しているもの、つまり種数が最も多い。

被子植物がきれいな花をつけるのは、昆虫の目を引き、受粉を助けてもらうため。有性生殖をするには、花粉を他個体のめしべまで送らなければならない。だが植物は動けない。そこで花粉の運搬を昆虫に頼み、そのお礼として蜜《みつ》や花粉の一部を餌として与えている。これが送粉共生である。きれいな花びらは、「ここに花があるよ」と昆虫にアピールするポスターであり、遠くからでも見えるように、花びらを平たくして面積を大きくし、目立つ色をつけている。運搬役（送粉者）として頼むには、昆虫は最適だろう。飛べるから遠くまで花粉を運ぶ機動力がある。高い枝先の花でも問題なく届けてくれる。小さいから少量の蜜で満足してくれる。昆虫は運搬役としてうってつけなのである。

ただしどの昆虫でもよいというわけにはいかないだろう。花なら何にでも訪れる昆虫では、手当たり次第に近場の花だけを渡り歩いて満腹してしまい、自分と同じ種の花にまで花粉を運んでくれることには、なかなかならない。自分の仲間の花に好んで来てくれる昆虫と特別な関係を結ぶことができれば、受粉の確率は上がる。

被子植物と送粉者との対応関係には、植物が、送粉してくれる昆虫を特定しない何でも屋（ジェネラリスト）もいるが、一種類かせいぜい数種類の動物に限定して花粉の運搬を頼むスペシャリストのほうが多い（この中間に、ある動物群にのみ送粉を頼むものもいる）。何でも屋は小形で目立たない花をつけ、昆虫に与える報酬は少ない。そのため送粉の効率が悪くて結実率は非常にばらつく。送粉者を特定するスペシャリストほど花に特殊化がみられ、結実率が上がる。たとえばチョウの仲間に送粉を頼む花は細長い管状の形をしており、チョウのように長い吻《ふん》を伸ばして蜜を吸えるものでないと、長い花の底近くにある蜜を吸えない構造になっている。

多様性が生じたわけ

このように特定の昆虫に蜜を与えるように花が進化し、その花から効率よく蜜を集められるように昆虫の方が進化しと、共に進化しあうこと（共進化）により、被子植物も昆虫も、種の多様性が高まっていった。動物の種の七割以上が昆虫、全光合成生物の約七割が被子植物。最も種の数が多いものの双璧《そうへき》が昆虫と被子植物なのであり、このものすごい多様性は、両者の共進化により生じたものである。

送粉共生が被子植物と昆虫の種の多様性を高めてきたのも、陸だから起きたことである。水中の藻類の場合、雄性配偶子（動いていく配偶子で精子に相当）というごくごく小さなものでも干からびることなく泳いでいける。泳げない雌性配偶子（卵に相当）だって、水中に放出されれば水流にのって漂い、雄性配偶子と出会って受精できる。水の流れを使ってそれなりに離れたところへも行くことが可能なのである。だから水中では、送粉者に謝礼をはらってまで受精の手助けをしてもらう必要はない。陸という環境では、精子という、卵まで動いていくのに水が必要で、さらに小さいから乾燥の危険の高いものは使いにくい。シダは精子を使っているが、受精は雨で濡れたときに限られ、移動する距離もごく短い。被子植物は花粉という乾燥に耐えるものをつくって風や虫に長距離を運んでもらう。めでたくめしべに花粉が到着したら、そこで発芽して、めしべの中という湿った環境の中で精子がつくられて受精が起こる。水中のように精子をそのまま放出すれば済むというわけにはいかなかったからこそ、陸上では送粉共生が進化した。そのことが、はからずも昆虫や被子植物の種の多様性をもたらすことになったのである。

多種多様な昆虫がそもそも進化し得たのは、上陸可能だったからであり、それを可能にしたのはキチン質のクチクラで、さらに羽を生やして花粉の運び手となることを可能にしたのもクチクラである。昆虫の大繁栄はクチクラのおかげだと言っていい。

6 脱皮（昆虫の特徴六）

クチクラの外骨格は昆虫の体をすっぽりと覆っている。だから安全だし、かつ体内の水を逃しにくい。さらにクチクラを用いて羽や脚をつくることにより運動能力が増大しと、いいことずくめのように思えるが、問題もある。クチクラといういわば死んだ硬い殻で体をすっぽりと覆ってしまったため、殻がじゃましてそれ以上大きく成長できないのである。そこで、成長する際には殻を脱ぎ捨てて体を大きくし、その外側に再度一回り大きな殻をつくる。これが脱皮《だっぴ》という過程である。殻を新たにつくるのだから、これには手間とコストがかかる上に、しばらくは殻を脱いだ裸の状態になるのできわめて危険。

脱皮には別の危険もある。脱皮そのものが危険を伴う作業なのである。脱皮の際には気管の壁のクチクラも脱ぎ捨てる。セミの抜け殻を見れば、体の中まで入り込んだガラス細工のように繊細な気管までもが、外側の覆いと一緒に脱ぎ捨てられているのが見てとれるだろう。

気管の壁だけではない。腸も体内に陥入した管とみなすことができる。昆虫の腸は前から前《ぜん》腸《ちょう》、中腸《ちゅうちょう》、後腸《こうちょう》に分かれているが、前後の出口に近い前腸も後腸の表面もクチクラで覆われている。こうして外部に水分が逃げていくのを押さえているが、この部分のクチクラも脱ぎ捨てる。

こんな細い管の壁をすっぽりと脱ぐという、感嘆するしかない高度な技を昆虫は示すのではあるが、やはり失敗することもある。細い管の一ヵ所でもひっかかってクチクラが脱げなければ万事休す。昆虫は脱皮の過程で死亡することが多い。硬くて水を通さない外骨格でしっかりと体を覆ったことは、利益のみを与えたわけではなく、脱皮というリスクを背負って生きていかざるを得なくなった。脱皮は節足動物に共通する現象であり、エビもカニも脱皮という大問題を抱えている（彼らには気管がないので、昆虫ほど脱皮のリスクはないが）。このような成長の問題は、外骨格をもつ動物たちの共通の問題でもあり、貝がこれにどう対処しているかは次章で見ることにする。

昆虫の進化と変態

昆虫は脱皮をくり返しながら成長する。卵から孵化した幼虫が一齢幼虫、それが脱皮して二齢幼虫、それが脱皮して三齢幼虫とくり返し、そして最後の脱皮で成虫となる。多くの昆虫において、幼虫には羽がない。最後の幼虫が脱皮する際に変態して蛹《さなぎ》となり、それがまた脱皮して変態し、羽を生やした成虫となる。

昆虫は甲殻類（エビ・カニの仲間）と近縁であり、昆虫は甲殻類から進化したと考えられている。鳥類が爬虫類から進化したことを受けて「鳥は空飛ぶ爬虫類」という言い方があるが、それにならえば、「昆虫は空飛ぶ甲殻類」である。ただし陸に上がってきた当初の昆虫は羽をもっておらず、現在の無翅類《むし》（トビムシ）のようなものだった。デボン紀（約四億二千万〜三億六千万年前）前期のトビムシの化石は最古の昆虫の化石であり、かつ最古の陸上動物の化石である。無翅類の幼虫は小さいが外形は成虫そっくり。脱皮しながら成長し、変態はしない。無翅類は現生種の一パーセントにすぎず、昆虫のほとんどすべては成虫が羽をもつ有翅類で、これは変態する。

昆虫の変態には、不完全変態と完全変態がある。不完全変態するものはバッタ・トンボ・カマキリ・ゴキブリ・カメムシなどで、これらは幼虫もかなり成虫と似た外形をもち、蛹の段階はない。完全変態するものは、進化的には最も新しいものである。この仲間では、幼虫と成虫の間に蛹という運動できない期間が入り、成虫は幼虫と大いに異なる体をもつ。カやハチやアリ（膜翅類《まくし》）、チョウやガ（鱗翅類《りんし》）、カブトムシ（鞘翅類《しょうし》）などが完全変態するものである。この仲間は昆虫の種の、なんと八三パーセントを占めており、つまり昆虫のみならず全生物中で最も繁栄しているのがこの仲間なのである。

昆虫の羽がどのように進化してきたかは分かっていない。(鳥の翼は前肢の変化したもので、これが羽ばたく翼になるのは分かりやすいが) 昆虫の羽は脚とは関係なく、体壁が薄くのび出たものである (動物学では昆虫の羽を翅と書いて区別するが、本書では羽に統一している)。飛ぶ器官として羽が突如進化したとは考えにくいため、まず体から突き出た薄い板状のものが何らかの目的で進化し、それが飛翔に転用されたのだろうと考えられている。突き出た薄い板で太陽光を集め、体を暖めたのではないかという説や、突き出た板に付属肢の遺伝子が突如働いて動く羽ができたのではないかという説など、羽の進化にはさまざまな憶測が飛びかっている。

幼虫と成虫——二つの時代を使い分ける

羽をもつことにより、餌を探すにも敵から逃れるにも、きわめて有利になった。「それほど羽が良いものなら、幼虫時代から羽を生やして飛び回ればいい。小さなカだって飛んでいるのだから、体が小さいから飛べないというわけではない。カブトムシの幼虫が、あそこまで大きくなるまで土の中で暮らしている必要などないのではないか」——そんなふうに思ってしまうのだが、それはわれわれが変態を経験せず、幼い頃から年をとるまで、同じような体をもち、同じような環境で変わりばえのしない毎日を送っているからかもしれない。昆虫の成功には、たんに空を飛べるようになったということだけではなく、幼虫時代と成虫時代をもち、それぞれの時代に異なる環境を利用できることも大きく寄与している。

多くの飛ぶ昆虫は、幼虫時代は植物の葉を食べ、成虫は蜜や樹液を吸う。たとえばアオスジアゲハの幼虫はクスノキの仲間の葉を食べるが、成虫はさまざまな花の蜜を吸い、葉は食べない。カブトムシは、幼虫時代は地中にいて朽ち木や落ち葉を食べ、成虫時代には樹液を吸う。カのボウフラは水底に堆積したり水中に漂っている有機物やバクテリアなどの微生物などを食べ、成虫は植物の蜜や果汁を吸う。血を吸うものもいる。

花蜜と葉では、蜜の方が食物として断然すぐれている。花蜜はスクロースの濃厚な溶液であり、これは低分子だから吸収がよく、酵素一つでグルコースとフルクトースに分かれて、どちらも「燃料」としてすぐに使える。ところが葉の方は食べるのに手間がかかる。植物細胞は一つひとつ細胞壁という硬い壁で包まれている。この壁はセルロースの繊維がリグニンの樹脂で固められたもので、セルロースもリグニンも動物は分解できない。そこでなんとかぐちゃぐちゃにかみ砕いて食べられる中身を取り出す。セルロースを壊してかみ砕きやすくするために、腸の中の微生物に協力してもらうのは常套《じょうとう》手段で、これには時間がかかる。草食動物はそのような処理のために長い腸をもち、長い時間をかけて食物を処理する（この点に関しては脊椎動物の章で詳述)。そして食べたものの多くは栄養とならないものだから、大量の葉を食べなければ栄養をまかなえない。満杯の重い胃腸をずっと抱えている状態が続くのが葉を食べるということである。硬い葉をかみ砕く歯や顎は重厚なものが必要で、それを動かす筋肉も太く、大量の葉をためておく胃は大きく、それを処理する長い腸がいり、と り込んだ食料も重い。結局、体が重くなってしまう。

飛ぶためにはできるだけ軽い方がいい。これは体に限ったことではない。飛ぶには大量のエネルギーが必要だが、積み込む燃料も軽い方がいい。葉を食べていたら、これらの要請に添うのはむずかしい。

ただし葉はいつでもあるが、花は時期がごく限られている。それに葉は大量にあるが、花は少ない(一本の草で花の数と葉の数とを比べてみればいい)。そこで昆虫は大量にある葉をひたすら食べて成長する時期と、蜜を吸って飛び回る時期とに一生を振り分けた。

昆虫の幼虫は、モンシロチョウならキャベツなどのアブラナ科の植物と、食べる相手の草が決まっている。アブラナ科の植物はからし油をもっており、そのような葉を食べられる虫は少ない。同一の餌をめぐって他種との奪い合いがないため、親がキャベツを探し出して卵を産み付けてくれれば、安心してひたすらそこにある葉を食べ、時間をかけて大きくなっていけばいい(成長には時間がかかるものである)。昆虫は体が小さいため、産み付けられた草一本で成長するまでの餌が足りてしまう。幼虫は餌を探し回る必要がなく、歩き回らなければ敵にみつかる機会も減り、逃げる必要も少ない。だからいつも満腹の腹をかかえてよたよたしていても問題ない。

たっぷり食べて成長し切ったところで満を持して変態し、羽を生やして飛び回る。交配する相手をみつけ、子のために食草を探し出して卵を産み付ける。これで目的はすべて達成されたのだから、成虫の時期が長い必要はない。成虫になったら餌をまったくとらないものも結構いる。

植物にとっては、花びらが交配する相手をみつけるためのもの。植物は動けないから、きれいな花を咲かせ、蜜を出して昆虫を呼び寄せ、昆虫に花粉を運んでもらって交配する。これが済んだら花びらは散る。花の命は短い。蝶の命も短い。「花と蝶」の共進化により、被子植物も昆虫もその多様性が大いに増大した。

虫はとぶ

トンボ　すいすい　川風　涼し
羽を動かす　直接筋
クマバチ　ぶんぶん　下がり藤
羽を動かす　間接筋
虫は飛ぶ　花から花へ
クチクラの羽を打ちふって
虫は飛ぶ　蜜をもとめて
共鳴箱を　ぶんぶんとふるわせて

バッタの跳ねる　とうきび畑
クチクラのバネを使い　とび上がる
ノミは　ぴょんぴょん　ウサギ小屋
跳ねる秘密は　レジリンタンパク
虫は跳ぶ　黍の葉ゆれる
クチクラの脚は　草を蹴る
虫は跳ぶ　背丈をこえて
弾性タンパクを　はずませて

第3章　貝はなぜラセンなのか——軟体動物門

貝の仲間（軟体動物）をここでは取り上げる。全動物中、節足動物に次いで種数が多いのがこの仲間であり、また、節足動物同様、顕著な外骨格をもち、それがこの仲間の成功に関わっているからである。

軟体動物には約一〇万の現生種がおり、化石も多数みつかっている。炭酸カルシウム製（つまり石）の立派な殻をもつため、殻が化石として残りやすい。絶滅したアンモナイト（イカの仲間）の化石は世界じゅうから広く出土し、それを含む地層がいつ堆積したかを推定する基準として用いられている。

軟体動物は英語ではモラスカ。モリス（軟らかい）＋エスカ（肉体）というラテン語からの造語で、軟体動物とはその直訳である。貝の最も目立つのが硬い殻なのに、なんで軟体なのかと疑問に思うところだが、薄い殻をもったナッツにモラスカというものがあり、それに似ていることからこう命名されたらしい。薄い殻で覆われているのが軟体動物の特徴的なところであり、この仲間は、おもに殻の形で分類されている。

軟体動物門

1　無板綱（殻をもたない。カセミミズ）

2　多板綱（殻が８枚。ヒザラガイ）

貝殻亜門

3　単板綱（殻が１枚。ネオピリナ）

4　腹足《ふくそく》綱（殻が立体的なラセン。マイマイ・サザエなどの巻貝。現生種の3/4を占める）

5　二枚貝綱（殻が２枚。アサリ・ハマグリ。腹足類に次いで種数が多い）

6　掘足《くっそく》綱（殻が象牙《ぞうげ》のように先細りの筒状。ツノガイ）

7　頭足《とうそく》綱（殻が平面のラセン――オウムガイ、殻が退化――イカ・タコ）

仮想の共通祖先にもとづいて考える

軟体動物にはいろいろなものがいるのだが、それらの共通の祖先となった動物を想定し、その祖先に、さまざまな特殊化が起きて現在の多様な軟体動物になったと想像することが、しばしば行われてきた。特殊化が起こる前の、今いるすべての仲間に共通する性質をもった祖先形「一般的軟体動物」を想定するのである。もちろん現実の進化はそう単純ではない。それでも特殊化をしていない祖先形を想定すると、軟体動物の基本を理解する上で助けになるので、ここでもこのやり方を採用することにしよう。その際、無板綱と多板綱は、他のものと大いに異なっているため、それらは別に考えることにして、まず、残りのもの（貝殻亜門としてまとめられるもの）の共通祖先としての一般的軟体動物を想定してみることにする。貝殻亜門には軟体動物のほとんどが含まれているからである。

「一般的軟体動物」は岩の上に住み、岩に生えている微小な藻類を削り取って食べていた。岩の表面にはまた、バイオフィルム（菌膜）も生えている。これはバクテリアなどの多数の微生物が繁殖して、自身が分泌した粘液状の高分子の中に埋まって薄いフィルムになったもの。このフィルムや藻類を、下の岩ごと削り取って食べていたのが一般的軟体動物である。この動物（図）の特徴は次のとおり。

①背中に殻を背負って身を守り

②体の下面には平らで広く肉厚の足をもち

③動物本体である内臓塊は足と殻の間にあり、消化管が前後に走っている。前端が口。口には歯舌《しぜつ》という特別な摂食器官がある。眼や触覚などの感覚器官も前方に存在する。

④内臓塊の背側は外套膜《がいとうまく》で覆われており、この膜がさらに背中側に殻を分泌する。体の後方の殻の下に、外套膜がはり出してできたスペース（外套腔《こう》）があり、この中にエラが存在している。

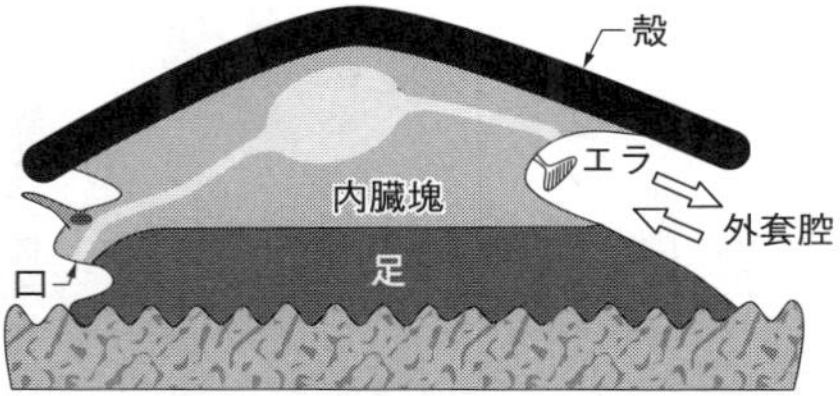

3－1　**一般的軟体動物**　外套腔内の矢印は水流

一般的軟体動物の特徴とは

これら体のパーツの一つひとつの概要を説明しておこう。

①殻　殻は、少々上に凸の平たい陣笠《じんがさ》状の一枚の石灰質の板であり、体の背面全体を覆う。敵に襲われた際には、殻を引き下げて「傘」の縁を岩に押しつけ、脇の隙間《すきま》がないようにして体全体をガードする。殻は炭酸カルシウムでできており、背中側の表皮（これを外套膜という）が殻をつくる。外套膜は体の後端では内臓塊よりも後方へとのび出し、殻と足の間にスペース（外套腔）をつくる。外套腔は外界に開いていて海水が自由に出入りできるスペースであり、そこにエラが突き出している。また、肛門《こうもん》や腎管（窒素代謝物、つまり尿をつくる器官）の排出口もここに開く。

②足　この動物は岩の上におり、岩側から攻撃されることはない。だから背中に殻を背負ってしまえば防備は完璧できわめて安全……ではあるのだが、それは岩の上にいればの話。魚や鳥などの捕食者に岩から剥がされたら万事休す。また、流れで引き剥がされてひっくり返ったら、平らな硬い体を起こすには時間がかかるから、その間は軟らかい無防備な面がむきだしになったままで、これもきわめて危険な事態。そしてこの祖先が好んで住む場所は浅い岩場で波の力が強く、波で引き剥がされる危険の高い場所なのである。

なぜ浅いところを好むのかといえば、藻類がたくさんあるから。太陽光は海水で吸収されるため、深くなるほど光は弱く藻類が育ちにくい。だから餌の豊富な浅い岩場が、祖先軟体動物が好んで住む場所だったにちがいない。ただし浅い場所は波の力を強く受け、よほどの力でしっかりと岩に貼り付いていなければ引き剝がされ、流されてしまう危険がある。そうならないようにと、フジツボのように殻を岩にセメントで固定してしまうと、動き回れないから、藻類を食べ歩くことができない。

強力に岩にへばりつき、かつ必要な時には歩くことができる——この「歩く」と「くっつく」という二つの役割をはたしているのが軟体動物の足なのである。われわれは、足とは歩いたり走ったりするためだけのものと思っているが、それは陸上の動物だから。海の中では大きな浮力が働くため、体がふわふわと浮き上がりがちになり、流れや波のある場所では流されるおそれがある。だから海底面を足で移動する底生性の動物にとって、体を固定しておくという足の役割は、きわめて重要になる。アワビの、あの食べごたえのある部分は足。足があれだけの筋肉の塊でできているのは、岩にしっかりとくっつく力を得るためであり、速く走るために筋肉隆々なのではない。

③**歯舌**　岩の表面には無数の小さな凸凹があり、その凸凹にそって微小な藻類が生えている。こういうものを、われわれのように歯で食いちぎろうとしても、岩からのび出ている部分しかついばめない。しかし軟体動物は歯舌という特別の摂食器官をもち、藻を下の岩ごと根こ

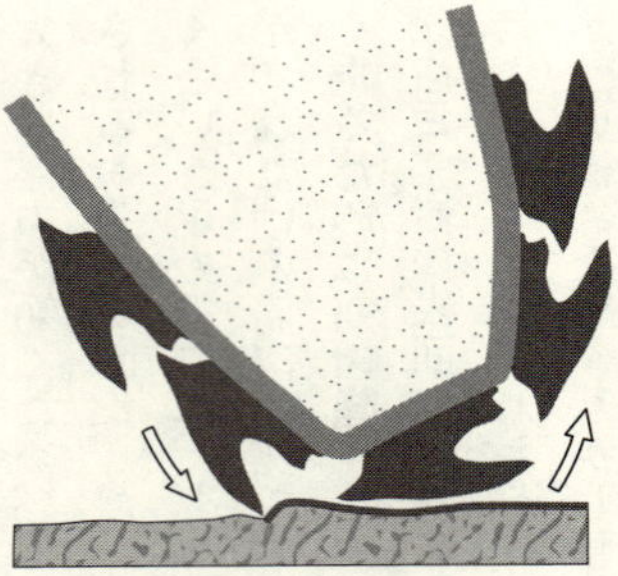

3－2　**歯舌の先端部**　点を打ったところが歯舌突起

そぎ食べることができる。

歯舌は表面に微小な歯が多数生えたリボン状の舌であり、いわば（大根おろしの）おろしがね。ある巻貝の場合、リボンの幅が一・二ミリメートルで長さがその一〇倍。この幅に五〇枚の歯が一列に並び、その列がリボンの全長にわたって生えている。リボンは歯舌突起と呼ばれる軟骨に支えられて口腔の底に納まっている。歯はキチンとタンニングを受けたタンパク質からできているため硬く、さらにその上に鉄のキャップをかぶっているものもある。藻類を食べる時には、貝は歯舌突起を口から突き出してリボンを岩に押しつけ、歯が並んだリボンを前後にすべらすように動かして藻を岩ごと削りとる（図）。こんな使い方をすれば歯はすぐに磨り減ってしまうが、歯はのどの奥の方から新たにつくられて送り出され、先端の磨り減った部分は切り捨てられていく。たとえばマイマイでは一日に三～四列の歯が入れ替わる。

④エラ　体は石製の傘が上面と側面を覆っており、体の下面は岩。つまり岩石で体がすっぽりと覆われているのだから、これでは酸素が入ってこない。そこで自分で水流を起こして外界から新鮮な海水を体内に導き入れ、その水をエラの上に流すことで呼吸する。

水流を起こすポンプの役割をはたしているのが繊毛である。繊毛とは細胞から生え出ている細かい毛。これがエネルギーを使って前後に振れ動いて水をかく。繊毛は長さ一〇〇分の一ミリメートル程度、太さはその五〇分の一（髪の毛の四〇〇分の一）ときわめて細くて短いものだが、エラの表面には繊毛のたくさん生えた細胞がずらりと並んでおり、この繊毛がいっせいに統制のとれた動きをして、強力な水流を起こす。水は貝の後下方から入ってきて、エラの上を流れ、貝の後上方から外へと送り出される。この外向きの流れに乗るように、糞《ふん》や尿が排出される。呼吸に使用された流れが水洗トイレとしても使われているわけだ。

平たい動物の問題点

以上の一般的軟体動物は、平たく言ってしまえば、体の上面が硬い板で覆われた平べったい動物である。じつは平たい体形のものは、問題ともなりうる点を最初から抱えこんでいるのである。

①表面積が大きい　平たいということは、体の割には表面積が大きいということである。つまり、「表面積／体積」の比が、他の形より大きい。表面が広ければ、捕食者の目につきやすい。また広い面積で波を受けやすく（抵抗は面積に比例するから）、これは潮間帯のように波の力の大きい場所でとくに問題となる。さらに潮間帯では干潮時に体が空中にさらされる

が、その際、広い表面から水がどんどん失われて干からびる危険が高くなるし、陽の当たる面積が大きいから、かんかん照りにてらされれば体温が高くなり、さらに干からびやすく、また茹《ゆ》だってしまう危険もある。

②体の各部の距離が遠く離れる　平面状に広がった体は、体の各部の距離が、立体的な体に比べて遠くに離れてしまう。そのため、物や情報を運ぶ運搬系の総延長距離が長くならざるを得ない。血管系や神経系の道のりが長くなり、それだけ運搬に時間もエネルギーもかかって効率が悪い。また危険でもある。体の端を捕食者にかじられても、危険だという信号がそこから離れた端まで伝わるのに時間がかかり、体全体で即座に防御態勢をとれない。

ただし外界に接する面積が大きいことには有利な点もある。特別なことをしなくても、その広い面を使って酸素を取り入れることができる。水中に溶けている有機物を体表から吸収して栄養にすることもできる（ただしこういう利点は、殻で覆われた一般的軟体動物では使うことができないが）。

平たい殻の問題点

それでは一般的軟体動物のように、平たい体の上に平たい殻を背負った場合はどうだろうか。じつはさらなる問題が付け加わってくるのである。これは体の大きなもので顕著になる。

通常、体が大きいことには利点があり、生物の進化の過程で、小さなものから大きなものへという変化が、何度も起きた（コラム）。

†コラム　大きいことはいいことだ

生物の歴史を見れば、体が細胞一個でできているごく小さな原核生物に始まり、真核生物、多細胞生物と、進化のある時点までは、後に登場したものほど体が大きくなっていった。大きいことには次のような利点があるからである。

①機能を増やせる　生きていくには、どんな動物でも備えていなければならない最小限の設備があり、この設備を納めるための最小限のスペースが必要である。小さい体のものは、そのスペースだけで体がいっぱいになってしまうが、大きければスペースに余裕が生じ、たとえば、卵をよりたくさんつくって蓄えておけるし、胃袋を大きくして食いだめも効き、また、まさかの時のために体に栄養分を蓄えておくこともできる。脳を大きくとって、よしなきことを考える余裕ももてるわけだ。

小さいものには余裕がなく、スペースが限定要因となり、もてる機能に限りが出てきてしまう。動物が新しい機能を追加しようとすれば、そのための設備（たとえば新たなタンパク質）が必要で、それを入れるスペースが必要になってくる。いきおい、体が大きくならざるを得ない（これは企業でも同じこと。新しいことを始めるには○○準備室と、まずスペースを用意するではないか）。

②食われにくい　捕食者は通常、自分よりもずっと小さいものを狙《ねら》う（ふつう、自分の体重の一〇分の一ほどの餌を食べる）。

③恒常性を保ちやすい　小さいものほど体の割には表面積が大きいから、それだけ外界の影響を受けやすい。たとえば、外の温度が変わればたちまち体温も変わるし、外の海水の塩分濃度が変われば、たちどころに体液の濃度に影響がでる。生きているとは、体内で活発に化学反応が起きていることであり、化学反応の速度は温度に大きく影響を受けるし、生物の化学反応には酵素が関わっており、酵素の活性は塩分濃度に大きく影響される。だから体内の環境が変わりにくい、つまり恒常性が保たれていることは重要なのだが、小さいと恒常性を保ちにくいのである。

以上、大きいことにはかなりの利点があることを挙げたのだが、じつは小さいものにも利点がある。最大の利点の一つが、新しい種を生みだしやすいことである（七二ページ）。実際、進化の歴史を見ると、新しい系統の祖先となった動物は、たいてい小さな動物だった（われわれ霊長類の場合でも、リスほどの大きさのものが祖先となっている）。小さいものが祖先となり、それをもとに多様な子孫がつくられていくとすれば、後のものに大形のものが生じてくるのは、当然と言えば当然のことである。

祖先の軟体動物は、体がそれほど大きくなく、それから、より体の大きなものに進化したというのが、ありそうなストーリーだろう。では祖先の軟体動物である、平たい殻を背負った平たい体のものが、より大きくなっていくと、どんな問題が生じるだろうか。

①殻は大きいほど弱くなる　同じ厚さの板でも、大きいものほどたわみやすい。大きい板の両端を支えて真ん中を押せば、（力を加える場所と支える場所が離れれば離れるほど梃子の原理

により）より小さな力で板を大きく変形させられるからである。だから体の中身がつぶされやすくなり、これは危険。亀裂が広がって殻が割れてしまう危険も高くなる。その理由は、板が割れる場合には前もって傷のついていたところから亀裂が広がっていって壊れるが、傷を受ける確率も板の面積に比例するから、大きな板ほど傷を多く含み、さらに傷を大きく引っ張ることになるのだから、壊れやすくなるのである。

こうならないようにと、板を厚くすれば、殻がより重くかさばってきて、結局、体の中で殻の占める割合がどんどん大きくなってしまう。そもそも平たいということは、体の割には表面積が大きく、その大きい表面を殻が覆うのだから、立体的な体をもつ動物と比べて、殻の割合は大きい。それに加えて、より殻を厚くするわけだから、大きくなればなるほど殻ばかりの生物になっていく。殻＝骨、つまり骨ばかりになってしまうわけだ。これはまずい。

②住み場所が限られる　平らで変形できない体をもつということは、広い平らな場所にしか住めないことを意味している。岩が湾曲していたり凸凹が激しい部分に住んだりすれば、平たい体を岩に密着させることができずに岩との間に隙間ができて、そこから攻撃される危険が生じる。また、足の全面を岩にべったり貼り付けられないので接着力が下がり、波にも捕食者にも剥がされやすくなる。これではきわめて危険。だから大きな体にみあった広くて平《へい》坦《たん》な岩場を探すことになるのだが、そんな場所など、そうそうあるものではない。平たい殻

を背負った動物が大きくなっていくと、安全な住み場所の確保が困難になってくるのである。

平たい殻を分割する

殻をいくつかの板に分けてそれらを関節でつなげれば、変形が可能になるので、平たい殻が持つ問題は解決できる。関節の種類としては、板同士が関節部で折れ曲がって回転できるもの（店舗のシャッター、風呂のふたやタブレットPCのケースにこういうものがある）や、屋根瓦《がわら》や西洋の甲冑《かっちゅう》のように板同士を少しずつ重ねるようにして並べ、重なった部分が滑り合う関節などがある。板をずっと小さくして鎧《よろい》の札《さね》や鎖帷子《くさりかたびら》の鎖のようにすれば、さらに変形しやすくなる。

3－3　**ヒザラガイ**　左が前。エラ（白抜きの葉っぱのように描いたもの）が体の両脇に繰り返し並んでいる

軟体動物にも英語で「鎖帷子貝」と呼ばれるものがいる。ヒザラガイの仲間（多板類）である。殻を八枚のV字形の板に分割し、板をずらして一部重なるように前後に並べて小判型の体を覆っている（図）。岩から引き剥がされるとダンゴムシのように殻を外に向けて丸まり、殻のない腹側を守る。

じつはヒザラガイは、一枚の殻を背負ったものから進化したとは考えられておらず、したがって、体が大きくなるにあたって、元々一枚だった殻を分割して問題を解決したという例には当てはまらない。あえてこの文脈でヒザラガイに言及したのは、一般的軟体動物として想定しているものと、ヒザラガイの大きさの違いに着目するためである。ヒザラガイの多くは体長一〜一〇センチメートルだが、オオバンヒザラガイのように三〇センチメートルになるものもいるし、最大のヒザラガイには三六センチメートルという記録もある。これに対し、一般的軟体動物に近いと見なされている単板類は大きくて三センチメートル程度。だからヒザラガイは、分かれた殻をもてば大きくなれる傍証だと考えたいのである。

†コラム　軟体動物の進化

ここで軟体動物の進化についてふれておきたい。軟体動物は環形《かんけい》動物（ミミズやゴカイの仲間）と近縁の動物だったらしい。卵から親へという発生の過程において、共通点がみられるからである（ラセン卵割を示すことや、トロコフォア幼生を経ること）。環形動物は、腕環《うでわ》のような環が次々と連なって細長い蠕虫《ぜんちゅう》状（ミミズ形）の体ができているのでこの名がある。この環の一個が体節で、どの体節も、ほとんど同じ構造をしている。体節間は仕切りで区切られており、各体節に排泄器官、神経節、足が備わっているというように、体節は、かなり独立性の高いユニットであるが、これが繰り返し連なって環形動物の体ができている。

軟体動物にもヒザラガイや単板類のように、体に繰り返し構造をもつものがおり、このことも軟体動物が環形動物と近縁だと考える根拠とされてきた（ただし軟体動物の繰り返し構造は、環形動物の体節とは直接の関係はないという意見が近年では強い。繰り返し構造が、軟体動物の古い形質であることに間違いはなさそうだが）。

無板類　軟体動物の祖先形は、殻をもたず、繰り返し構造をもつミミズ形のものだったようだ。それらしい体をもった軟体動物にカセミミズの仲間（無板類）がいる。体長は数ミリから数センチ。名前のとおり、ミミズ形をしている。ただし繰り返し構造はない。海底の泥の中に潜っていたり、餌であるサンゴの上にいる。こんな形をしていれば、まさに軟体動物の祖先の生き残りと考えたいところだが、ヒザラガイの仲間と共通点がみられるため、ヒザラガイのような殻をもったものが進化の過程で殻を失ったという見方もあり、祖先の生き残りそのものかどうかは分からない。ヒザラガイもカセミミズも、他の軟体動物（貝殻類）とはかなり異なっており、より原始的な仲間だという意見が強い。ただし原始的だからといって、今いるカセミミズやヒザラガイから残りの軟体動物が進化したというわけではない。

単板類　これは一般的軟体動物に近いとみなされているものである。以前からピリナという化石が知られていた。これはカンブリア紀の単板類で、殻は一枚。そして特筆すべきは、足と殻の付着点（危険なときに殻を引き下げて身を守るための筋肉〔足牽引筋《けんいん》〕の殻への付着点で、殻にその跡があるので化石でも分かる）が左右対になって前後に繰り返し並んでいることである。これは体に繰り返し構造があったことを想像させ、単板類は環形動物と軟体動物をつなぐ形質をもつ、軟体動物の祖先形に近いものだと考えられていた。

その単板類の「生きた化石」が、一九五二年、コスタリカ沖の深海からみつかったのである。この貝はネオピリナ（新しいピリナ）と名付けられた。大きさは三ミリメートルから三センチメートル、丈の低い円錐《えんすい》形の殻をもち、足牽引筋は八対、エラは体の両側に三〜六対、どちらも前後に並んでおり、また腎管《じんかん》（排泄器官）も三〜七対ある。対の数は個体によりばらつくが、確かに体に繰り返し構造が見られるのである。

ネオピリナは環形動物と軟体動物とをつなぐ形質を示す、まさに生きた化石である。ただし注意しなければならないのは、繰り返し構造という古い形質を保っていても、ネオピリナは、調べてみると相当に分化したものであり、軟体動物の祖先形そのものではないことである。

殻をもたない祖先の軟体動物は、一方ではヒザラガイ（多板類）のように複数に分かれた殻を進化させ、他方では一枚の殻を進化させ、前者からは多板類と無板類が、後者からは貝殻類が進化し、貝殻類は大いに成功している仲間を含む多様なものたちへと進化していったのではないかと想像されている。

殻を立体的に盛り上げる

一枚の殻をもった一般的軟体動物から進化した仲間は、殻を二次元の平面ではなく三次元の立体的な形にした。浅い陣笠状の殻を、傘を横へと広げるのではなく、丈を高くしてとんがり帽子のようにしていった。こうすると体を大きくしても足が岩に付着する面積は増やさなくてよいから、住み場所不足の問題を回避できる。

また、立体的にすると殻の内部に余裕をもてるため、大きく広げられる軟体部をもつことができる。ふだんは軟体部を岩の上に大きく広げて活動し、あやうい時にのみ殻の収納スペースに引っ込めるようにすれば、より活動範囲が広げられるだろう。

このように丈が高くなることには利点があるのだが、では、どんどん殻の丈を高くしていけばいいのかというと、それには限度があるだろう。丈の高いものは安定性が悪い。丈が高いと、殻がほんの少し傾いただけで重心が底面から出てしまうのでひっくり返る。またとんがった先端に力が加わると、丈が高いほど（梃子の原理が働き）根元に大きな力がかかって岩から引き剝がされやすい。さらに波や流れの力は岩の表面から離れるほど大きくなるから、丈が高くなればなるほど、ますます殻に大きな力が加わって殻は岩から引き剝がされやすくなっていく。これは危ない。

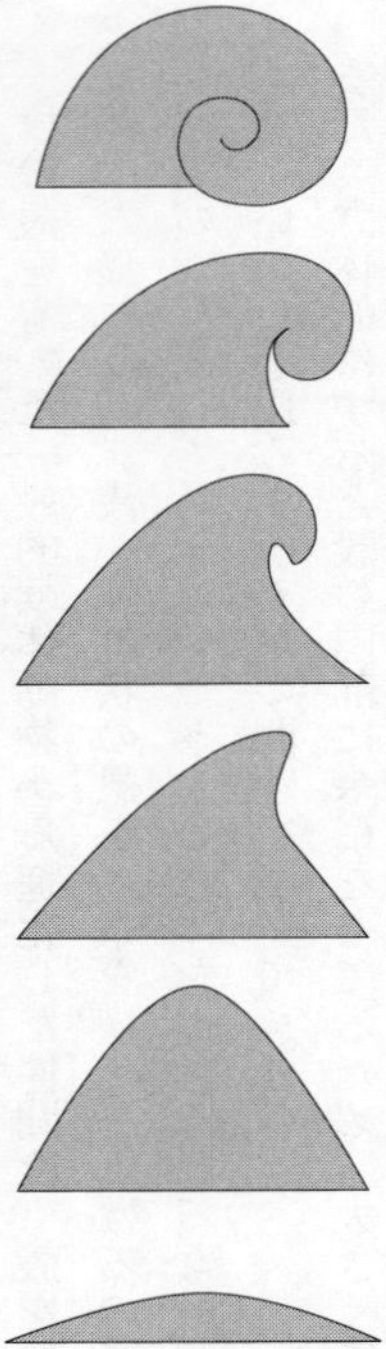

3－4　ラセンの殻の進化　浅い山形の殻から、山が高くなり、ラセンに巻くようになる（Ruppert他2004にもとづく）

そこで丈を高くするのではなく、殻の先端部を前方へ曲げて巻くようにする（図）。すると高くせずに体積を確保できる。殻はどんどん渦巻き状に巻かれていき、今の巻貝になっていった。

貝の殻は対数ラセン

貝の巻き方には特徴がある。螺旋《らせん》に巻いているのである。そもそも「螺」とは巻貝のこと。螺殻《らかく》（巻貝の殻）のように旋回しているのが螺旋である。螺旋はネジとも読み、ネジみたいに回りながらせり上がっていく三次元的な巻き方がラセン。

ラセンを広い意味にとると、せり上がらずに蚊取り線香のように平面内でぐるぐる回って二次元的に広がるラセンもある（これは渦巻とも呼ばれる）。巻貝の殻は立体的なラセンだが、同じ軟体動物でも頭足類（イカ・タコの仲間）であるアンモナイトやオウムガイの殻は平面的ラセンである。立体であれ平面であれ、軟体動物のラセンは巻きながら、巻いている間隔が広がっていく。その広がり方は、一巻きごとの間隔の増加分が、前の巻の増加分に定数をかけたものになっている。つまり、巻の間隔が一定の比率で増加しており、こうしたラセンは対数ラセンと呼ばれる（対数ラセンはデカルトにより発見されたもので、デカルトのラセンとも呼ばれる。ちなみに蚊取り線香では巻の間隔は増加せずに一定で、このようなラセンはアルキメデスのラセンという）。同じ巻くといっても、なぜ貝は対数ラセンなのだろうか。

これには成長の問題が関係している。貝の体は、外側をすっぽりと外骨格の殻で覆われており、この点は昆虫と同じ。昆虫のところで述べたが（七六ページ）、中の本体が大きくなろうとしても、外側から硬い殻で押さえ込まれているため、成長できない。そこで昆虫の場合には、殻をいったん脱ぎ捨てて新たに一回り大きな殻をつくり、脱皮を繰り返しながら成長していく。昆虫はこんな手間のかかることをやっていた。

ところが貝の方は脱皮しない。貝が昆虫と異なる点は、体が外骨格で覆われ尽くされているわけではなく、殻の下側が開いているところ。その開いた口の縁に石灰を付け足して殻を成長させることが可能だからである。

ただし、やみくもに付け足せばいいわけではない。仮に殻が円筒形で、円筒の一方の底だけが開いており、ここに殻を付け足していくとしよう。筒の縁を単純に伸ばせば、筒の太さは変わらずに、円筒はどんどん細長くなっていく。つまり殻のプロポーションが相対的にスリムで細長〜い形に変わっていくわけで、これに合わせて軟体部を成長させるとなると、軟体部のプロポーションも変えていかざるを得ない。そうなると、個々の器官を一回りずつ大きくしていくわけにはいかず、器官そのもののプロポーションを変えるか、器官の配置を変えるかの必要が出てくる。これはまことに厄介。今、円筒形の殻を考えたが、四角い箱形でも六角形の箱でも、縁をそのまま伸ばしていけば同じ問題が生じてしまう。

なぜ対数ラセンになったのか

この問題を解決するやり方が二つだけ存在する。

一つは、陣笠の形からはじめて、傘の角度を変えずに傘の縁を伸ばしていくやり方。これだと傘が大きくなっても傘の形は変化しない。一般的軟体動物が傘形の殻をもつと考えたのはこのことに配慮したためであり、実際、祖先形に近いと考えられる単板類は傘形の殻をもつ。また原始的な巻貝の仲間にカサガイがおり、その名のとおり殻は傘形。単板類もカサガイも、どちらも小形の軟体動物である。

傘形の問題は、殻をさらに大きくしようとして傘を横に広げると住み場所の不足の問題、丈高いとんがり帽子形の傘にするとひっくり返りやすい問題と、どちらにしても問題がでてくるのは先述したとおり。

プロポーションの変わらないもう一つのやり方がある。それが、筒の入口を広げるように石灰をつぎたし、筒の径を太くしながら、筒を曲げて対数ラセンに巻くようにするやり方である。対数ラセンだと、巻きはじめからどの点を切り取っても、プロポーションは変わらない、つまり相似形なのである（図）。そして巻きながらせり上がる立体的な対数ラセンになるよう殻が巻けば、コンパクトでも内部に広い空間を確保でき、丈がむやみに高くなったり底面が広がりすぎるという、傘形のもつ問題点を解決できる。

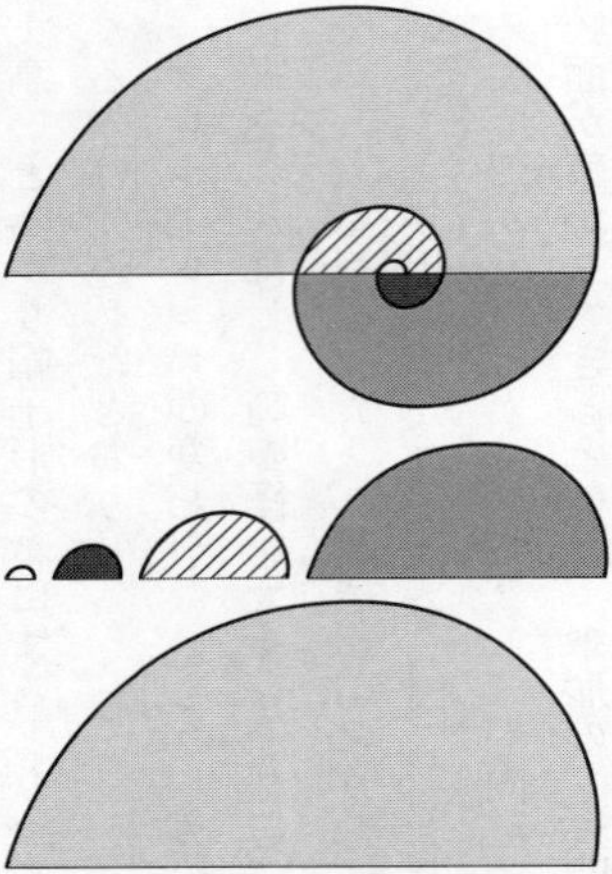

3－5　ラセンの殻は形が変わらない　殻のどの部分をとっても相似形であることを下に示してある

対数ラセンの殻は、巻貝の仲間（腹足類）で大いに発達した。巻貝の殻はじつにさまざまな形をとっているが、断面の円い筒がぐるぐるとラセンに巻いている点では皆同じ。ラセンの一巻きごとにラセンの径が何倍になるか、一巻きでどれだけ殻の高さと筒の直径が増えるか、という数字を変えるだけで、すべての殻が一つのラセンの式で書き表せる。

これは他の貝殻類でも同じ。アサリやハマグリのような二枚貝類の殻は、巻き方が弱く、ラセンは急速に広がってしまって、ちょっと見にはラセンには見えないのだが対数ラセンである。象牙のような形の掘足類の殻も、ゆるく巻いたラセン。じつは単板類やカサガイのもつ傘形の殻も、わずかにラセン状に曲がっており（これは丈の高い殻で顕著）、二枚貝同様、急速に広がったラセンとみなすことができる。頭足類（イカ・タコの仲間）にも、オウムガイのように殻をもつものがいる。これは平面で巻く対数ラセンである。

腕足類も対数ラセン

軟体動物以外にも対数ラセンの殻をもつものがいる。シャミセンガイやホオズキガイという腕足《わんそく》動物門に属するものたちである。カイと名がつくように二枚の殻をもっており、一見、二枚貝そっくりの動物だが、殻の中を見ると、これは貝とは似てもにつかない。軟体動物とは、門という高いレベルで異なった系統のものである。

それでいながら、貝殻そっくりの殻をもつ。ただし二枚貝の殻は体の左右にあるが、腕足類では殻が背側と腹側にあり、また殻の材質も違っている。貝殻は炭酸カルシウム製だが、腕足類の殻はリン酸カルシウム製。このような違いはあっても、どちらも対数ラセン。「殻に包まれていながら、成長に際してプロポーションが変わらない」という要請を満足させようとすると、全く異なる系統の動物が、対数ラセンという同じ結論にたどりついたのだった。

殻の構造

貝殻の厚さの大部分を占めているのが石灰化層である。石灰、つまり炭酸カルシウムの結晶がここの主な成分となっている。石灰化層は通常二層に分かれており、外側が稜柱《りょうちゅう》層、内側が真珠層。

稜柱層では殻に垂直に、蜂の巣のような六角柱の構造が並んでいる。一本の柱は、多数の

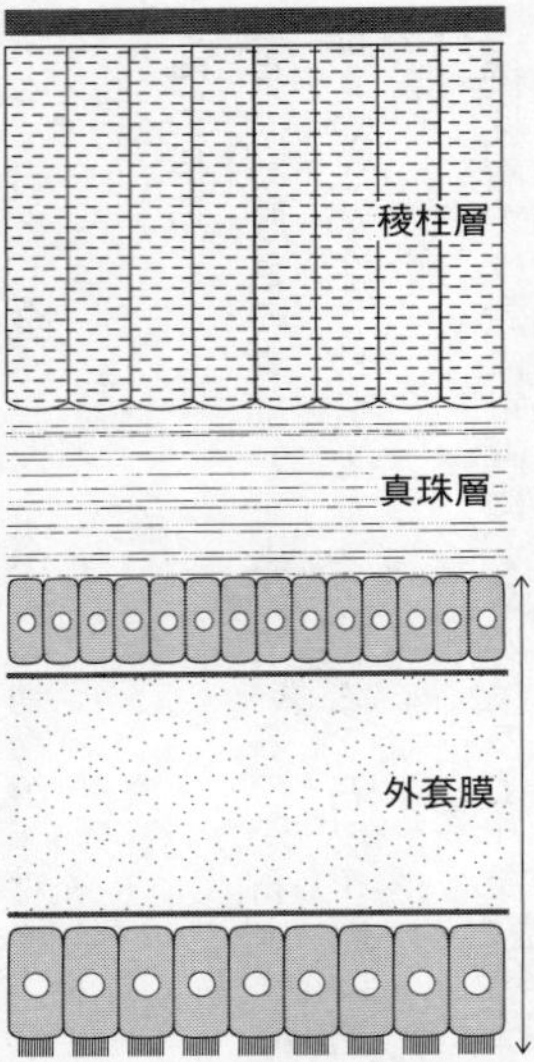

3－6　殻の断面　最上層は角質層

炭酸カルシウムの微細な結晶が、タンパク質（コンキオリンなど）と糖とからなる有機質の壁で包まれてできている。炭酸カルシウムの代表的な結晶形にはアラレ石《いし》と方解石《ほうかいせき》があるが、稜柱層では、どちらか一方の場合もあるし、二つの結晶形が混在している場合もある。方解石の方がアラレ石より、溶けにくいという違いがある。

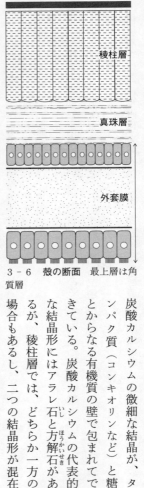

真珠層は、アラレ石の結晶が薄い有機質の膜で包まれた、平べったい錠剤（タブレット）の形のものでできている（タブレットの厚さは一〇〇〇分の一ミリ程度、有機質の膜の厚さはさらにその一〇分の一）。このタブレット状の結晶が水平方向に並び、こうしたシート状の層が、何層も殻の厚みの方向に重なってできている。一層の厚さが可視光線の波長くらいで、これがきれいに平行に積み重なっているため、真珠層の内面は真珠光沢を示す（ただし真珠層を欠く殻も多い）。

真珠層では結晶は殻に平行に並び、稜柱層では殻に垂直に並ぶ。結晶の並ぶ方向が、二つの層で九〇度異なっている。一方向に揃った構造は、揃った方向と直角をなす方向の力には弱い。異なる方向の層を貼り合わせればより強くなることは、ベニヤ構造をとる昆虫のクチクラのところで述べた。

殻を強くするもう一つの工夫は、硬い結晶を小分けにしてしなやかなタンパク質の膜でくるむこと。こうすると亀裂が伝わりにくくなる（一七七ページ）。結晶を包んでいるコンキオリンなどのタンパク質は、亀裂防止に働いているのである。

有機物の役割

石灰化層は、その最上面を角質層《かくしつ》（殻皮）で覆われている。これは石灰化層の表面をコーティングして守っているごく薄い層で、コンキオリンと総称されるタンパク質でできている（コンケーはギリシャ語で貝殻の意味）。アサリやハマグリの表面を爪でしごくと茶褐色の膜のようなものがとれてくるが、これが角質層。コンキオリンがキノン硬化しているため、茶褐色なのである。

殻の形成は、まず角質層ができることから始まり、それを足場として石灰化層が形成される。角質層は、下の石灰化層が傷つかないように物理的なバリアとして働くとともに、酸性や軟水の環境にさらされた時、石灰化層からカルシウムが溶け出ないようにする化学的バリアとしても働く。また、二枚貝の場合には殻を閉じた時に、隙間ができないようにシールする役目もはたしているようだ。

角質に覆われた石灰化層は石灰質、つまり炭酸カルシウムでできている。殻は外套膜（背中側の表皮）がつくるのだが、炭酸カルシウムの結晶が外套膜の中でつくられてから殻に付け加えられるのではない。外套膜が殻との間に液を分泌し、この液が化学反応を起こして炭酸カルシウムの結晶となり、殻がつくられていく。この際にコンキオリンをはじめとする有機質は、炭酸カルシウムが沈着する石灰化の核として重要な働きをする。

貝の殻は、祖先の軟体動物において、背中側の厚いクチクラ（キチンとタンパク質でできている）に炭酸カルシウムが沈着してできてきたのだろうと想像されている。無板類では背中側の厚い外套膜の中にアラレ石製の骨片（数ミリ以下の小さな骨）がちりばめられており、これがかつて殻だったものの名残と思われる。逆に、こういう骨片がもっと発達して殻になるということが、祖先の軟体動物で起きたのだろう。クチクラに石灰が沈着することは、節足動物甲殻類（エビ・カニの仲間）でも見られることである。

殻を脱いだ軟体動物

対数ラセンの殻は大発明であった。しかしその形しかとれないということは、強い制約を貝に課す。それを嫌って、殻を脱ぎ捨てるものが、軟体動物のさまざまな系統で現れた。

ナメクジはマイマイ（いわゆるカタツムリ）が殻を失ったものである。殻は敵の攻撃を防ぐだけでなく、陸上では乾燥から守る役目もあるが、ナメクジの場合、昼は地中という土で守られかつ湿り気のある環境に身をひそめ、夜になって湿り気の多い地表近くで活動するため、殻がなくても問題ないのだろう。さまざまな系統のマイマイから、殻をもたないナメクジや、殻が小さくなって体の中に埋もれているコウラナメクジの仲間が進化した。陸上や淡水の環境は、海と違ってカルシウムの入手に困難な場所も多く、そのような環境への適応として、殻の退化が起きたと想像されている。

海にも殻を脱ぎ捨てたものがいる。英語で「海のナメクジ」というとウミウシのこと。これも殻を失った巻貝の仲間で、近年、ダイバー仲間に人気が高い。アオウミウシ（濃青色に白線）、シロウミウシ（白地に黒点）、ニシキウミウシ（オレンジに黄色の線）、リュウグウウミウシ（白地に紫黒色の線、触角とエラは深紅、頭部は黄色）、シンデレラウミウシ（図、紫色でへりは白、触角とエラは山吹色）、とまことにカラフル。英語でスペインの踊り子と名づけられたミカドウミウシは、深紅と白の裾《すそ》をひらひらさせながら泳ぐ。

３－７　**シンデレラウミウシ**
体の後方で房状に見えているのがエラ

この目立つ色は警戒色である。ウミウシは体に毒や、食べるとまずく感じさせる物質をもっており、殻で身を守る代わりに、派手な色で身を飾って「食べたらまずいことが起こるぞ」と警告している。食べさせないための物質は、自身で合成する種もあるが、餌として食べた相手から得る場合も多い。ウミウシの餌である海藻やカイメンは、岩に固着していて逃げられないため、捕食者に食べる気を失わせる化学物質を体内に蓄えて身を守っている。それをウミウシは自分の防御用に拝借するのである。

まことにユニークなやり方で餌の「毒」を利用しているものにミノウミウシがいる。背中にたくさんの房《ふさ》が生えており、これが蓑《みの》を背負ったように見えるのでこの名がある。この房の中に毒針が多数仕込まれている。毒針の出所は、餌であるヒドロ虫やイソギンチャク、つまり刺胞動物。刺胞動物を餌にできるものは少ないが(これは刺胞のおかげ)、その少ないものの一つがミノウミウシである。彼らは餌となる刺胞動物に刺胞を発射させないすべを心得ており、刺胞動物を刺胞ごと食べてしまう。刺胞はミノウミウシの消化管内でも発射されることなく、背中の房へと運ばれていき、そこにため込まれる。敵がミノウミウシの背中にかぶりつくと、そこで刺胞が発射されて撃退に使われる。

イカとタコ——頭足類の進化

殻の退化した軟体動物としておなじみのものは、イカやタコだろう。これは頭足類である。

この仲間には、オウムガイや絶滅したアンモナイトのように、立派な殻をもつものもいる。頭足類の殻がどのように変化していったのか、その跡をたどってみよう。

頭足類の祖先も一般的軟体動物のような、浅い傘形の一枚の殻を背中に背負ったものであった。この傘の丈がどんどん高くなってとんがり帽子形になり、さらに丈がのびて、象牙状の細長い円錐形となった。軟体部はそれにともない、背腹方向に引き伸ばされると同時に、前後に圧縮された。それまでは頭部が前にあり、その後ろに内臓塊があり、幅広い足が広がっていたのだが、内臓塊は頭の上に、足は頭の真下に移動した（図）。こうして「頭のところに足がある仲間＝頭足類」と呼ばれることになったのである（ちなみに巻貝類の足は腹の下にあるため、この仲間の正式な呼称は腹足類である）。

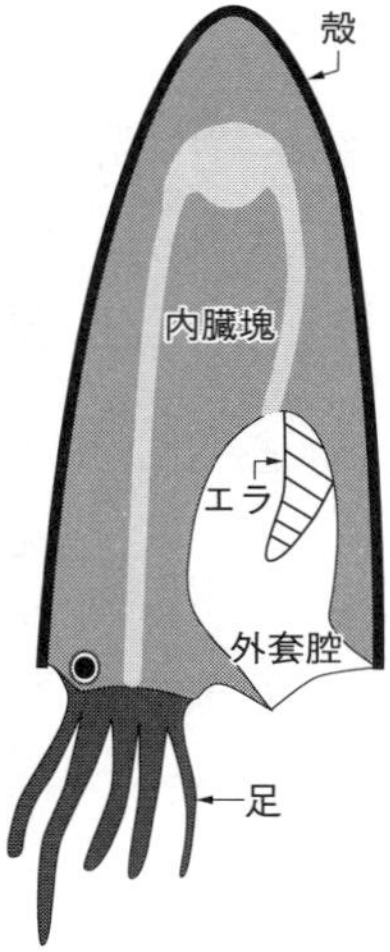

3－8　初期の頭足類（Ruppert他2004にもとづく）

足は頭の下に移動しただけではなく、それまでは前後に広がっていた一枚の幅広い形状だったものが、分かれて、頭から下側にのびる複数の腕（触手）となり、口のまわりを触手が取り囲む形になった。触手はイカのように五対（一〇本）が基本であり、タコでは一対が失われ、オウムガイでは腕がふえて四八～六〇本にもなった（雌雄で数が異なる）。こうして、それまでは前後に細長かった体が、背腹に細長いものへと変化し、それにともない体が進む向きも、前方ではなく背中側、つまり殻の尖《とが》った側へと九〇度転換した。

先ほど、体が大きくなる際に殻の丈が高くとんがり帽子形になると、岩から剥がれやすくなって都合が悪いと述べたのだが、頭足類には、その不都合はない。この仲間は岩から離れ、水中を泳ぐ生活へと進出したものたちだからである。細長いロケットのような殻の形は、かえって泳ぐ時の抵抗が少なくて済む。

ただし殻は重いので、体はどんどん沈んでしまう。大洋の真ん中でいつも水の中にとどまっているには、泳ぎをやめるわけにはいかない。これは疲れる。休んでいても同じ深さにとどまるには、中性浮力（浮かび上がりも沈みもしない浮力）になるよう、体を海水と同じ比重にする必要がある。そこで頭足類は殻を、浮力を得るための浮きとして利用するようになった。細長い殻に、仕切りをたくさんつくって多数の小部屋をもうけ、その中にガスをためて浮きとし、殻の重さをキャンセルしたのである。この浮力調節機構は現生のコウイカやオウムガイで詳しく調べられているが、絶滅した頭足類の殻もたくさんの小部屋に分かれており、同様の機能を果たしていたと考えられている。

小部屋に分かれた細長い象牙形の殻をもつものから、殻が平面のラセンに巻いている、オウムガイやアンモナイトが進化してきた。これらは立派な殻で体が覆れているものたちである。他方、殻が小さくなり、外套膜に包み込まれて体内に隠れる方向に進化した系統も登場し、これがコウイカ、イカ（ツツイカ）、タコの仲間である。コウイカ（甲烏賊）はサーフボードのような平たい殻（甲）をもっている。甲は浮力調節に働いており、体を保護する役目はもたない。イカでは、殻はさらに退化してキチン質の軟甲となった。イカを食べる際、鳥の羽の形をした透明のプラスチックみたいなものが入っているのに気付かれると思うが、これが軟甲である。タコの場合には、殻は完全に消失している。

高速で泳ぐイカ

イカは卓越した遊泳能力を身につけることで、体を覆う殻をもたなくてもよくなった。防御指向型の動物から運動指向型の動物へと転換したのである（二一一ページ）。イカは大きな外套腔をもっている。軟体動物は外套腔に新鮮な海水を取り込んで呼吸しているが、イカはこの大きな外套腔を運動に使う。殻がなくなり、殻に外から押さえ込まれてはいないので、イカは外套腔を大きくふくらませて、大量の海水を吸い込むことができる。ゆっくりと水を吸い込み、それから外套腔を一気に収縮させて海水を勢いよく噴出させる。つまりジェット推進で進むのである。

泳ぐ動物も飛ぶ動物も、ほとんどのものは、手足やひれや翼など体から突き出たものを動かしたり、（魚のように）胴をくねらしたり、つまり体の一部を動かしてまわりの水や空気を押してその反動で進む。これらとは異なりジェットやロケットは、気体や液体を噴出してその反動で進むが、イカの形がロケットそっくりなのは、同じ原理を用いているからである。イカはなんと時速四〇キロメートルほども出せるそうで、これは魚がダッシュする速度に匹敵する（魚がふつうに泳ぐ巡航速度は時速数キロメートル）。イカは襲われると空中に跳ね上がるし、とび上がって滑空するイカも知られているが、空中へとび出せるほど大きな加速性能をもっているわけだ。

一方、完全に殻を失ってしまったタコは、イカと同じくジェット推進するが、イカほど速くはない。タコは蛸壺《たこつぼ》を好むように、身を隠して襲うハンターであり、高い知能や、まわりの物に色も形も似せる能力の助けもあって、殻がなくてもやっていけるのだろう。

タコもイカも墨を吐くという体を守る手段はもっている。タコは墨で煙幕をはり、イカは墨の塊を吐いて自身はさっと逃げて体を透明にする。こうしてダミーである墨の方に捕食者が気をとられている間に逃げのびる。

二枚貝類の進化

イカは岩の上から大洋のただ中へと住み場所を変えたが、岩から、砂や泥という、軟らかい底質の中へともぐり込んだものたちもいる。二枚貝である。岩の上にいれば、背中側だけに殻を背負っていても、いざという時には岩にしがみつけば安全だったのだが、軟らかい砂泥だと、掘り出されれば万事休す。そこで二枚貝類は、それまで背中に背負っていた殻を、正中線から左右に折り曲げ、二枚にして体をすっぽりと包みこんだらしいのである。

　こんな化石がみつかっている。吻殻《ふんかく》類、またの名を偽二枚貝類という。単板類の仲間なのだが、一見、二枚貝のように見える。じつは一枚の殻がCの字形に折れ曲がり、体を左右側方から覆っているのである（ちょうど柏餅《かしわもち》のように）。こんな殻が、進化の過程で、折れ曲がった曲がり目のところの石灰層がなくなってしまい、タンパク質の層のみでつながった二枚の分かれた殻になり、二枚貝になっていったのではないかと想像されている。

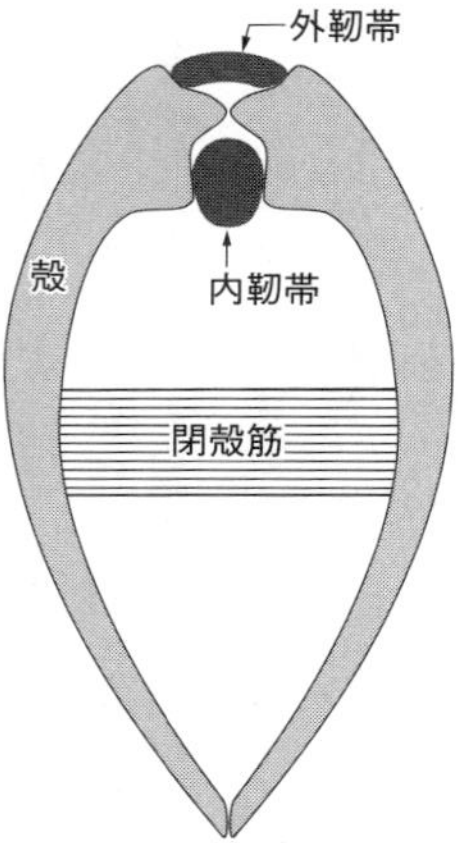

3－9　殻の蝶番と閉殻筋（横断面）　蝶番部の靭帯は外側と内側とにあり、殻が閉じている時には、外靭帯は引き伸ばされ、内靭帯は圧縮されている

　二枚貝の二枚の殻は背中側で蝶番《ちょうつがい》になっており（図）、殻の開閉が可能である。二枚の殻で左右から体が覆われるにともない、体は側方から圧縮され、薄っぺらなものになった。頭足類では前後に圧縮されたが、それとは直角方向、体の幅が圧縮されたのである。圧縮にともない、足の形も変わった。祖

先では前後にのび、さらに左右にも広がっていた幅広の厚い足は、薄い斧《おの》の刃のようになった（そのため二枚貝類は、かつて斧足《ふそく》類とも呼ばれていた）。この薄っぺらな体と斧のような足は、掘ってもぐるのに適した形である。

現生の二枚貝類で最も原始的なものは原鰓《げんさい》類（キヌタレガイやクルミガイなど）である。この仲間は泥地の底質にもぐっており、海底に積もった有機物を食べている。砂地や泥地とは、砂や泥のような細かな粒子が堆積するほど波や流れの静かな環境だということである。海の中には、生物の遺骸《いがい》が分解して細かくなった有機物の粒子が漂っているが、砂地や泥地ではこれらが堆積しやすい。原鰓類は、こういう堆積した有機物の小塊を選んで食べる選択性堆積物食者である（堆積物を食べるものには他に、選ぶことはせずに有機物の粒子を砂や泥ごとごそっと取り込んでしまう非選択性の堆積物食者もおり、この例が第5章で取り上げるナマコである）。

原鰓類は唇吻《しんふん》を使って餌を取り込む。唇吻とは唇弁《しんべん》の変形したもの。唇弁は口のところにある薄い組織で、レストランのメニューのように二つ折りになっており、メニューの書いてある内側の面には多数のひだがあって、ひだ一面に繊毛が生えている。これは食物粒子選別装置であり、原鰓類以外の二枚貝類では、後方のエラで集められた粒子が唇弁に送られてきて、このひだで砂粒と食べられる粒子とに選り分けられ、食物のみが口へと運び込まれていく。原鰓類の場合には、普通の唇弁の他に、より長く吻状にのびる唇弁があり、これが唇吻。

原鰓類は唇吻を底質の有機物へと伸ばし、唇吻の表面にある粘液で有機物をくっつけて捉《とら》え、それを唇吻表面に生えている繊毛を用いて運び、唇弁へと手渡す。おそらく、原始的な二枚貝も、このような食事の仕方をしていたと思われる。その後、二枚貝類はエラを用いて有機物の粒子を濾《こ》しとる濾過《ろか》摂食をするように進化していった。

食料収集装置としてのエラ

二枚貝類は底質の中にもぐり込む生活へと進化したのだが、ここで問題となるのは呼吸。すぐまわりにある泥中の海水はよどんでいるため、海底の表面から新鮮な海水を取り入れねばならない。そこで外套膜の後端の縁を伸ばして8の字の形に癒合させ、二本並んだ長い管をつくって、これを表面まで届くようにした。これが水管（サイフォン）で、二本のうちの一本が入水管、他方が出水管である。もともと軟体動物のエラの表面には繊毛が生えており、これで呼吸用の水流を起こしていたのだから、この流れを誘導して、入水管から海水が入ってエラの表面を流れ、出水管から外に出ていくようにすればいい。

底質の表面から海水を取り込める、強力な水流ポンプの備わった呼吸装置を二枚貝は開発した。また、集めた粒子から餌になる食物粒子を選り分ける唇弁も進化した。この二つが揃えば、呼吸用の水流に乗って入ってきた粒子をエラでつかまえ、それを唇弁に渡して有機物だけ選別して食べるという摂食法に移行するのは、ごく自然のことだろう。意図的に捕まえようと思わなくても、水の中には浮遊粒子が入っているのが普通だし、そういうものが、ポンプを「詰まらす」ことも、ごく普通に起きるだろう。詰まったものを取り除くことができなければポンプのシステムを維持することは困難で、それを取り除く仕掛けは、そのまま取り除いたものを食べるという摂食の道具へと転換できる。その結果、二枚貝類はエラによる濾過摂食法を手に入れ、大いに繁栄するようになった。

潮干狩りで濾過摂食の成功を実感する

波の静かなところ以外で砂が堆積する場所として、砂浜がある。ここは波が打ち寄せる場所であり、波が強すぎれば砂は堆積しないが、適度な強さなら、波が岸にぶつかって勢いが弱まって砂が堆積する。それと同時に有機物も堆積する。砂浜では、沖合から寄せ波に乗って有機物がどんどん運ばれてくるが、水が砂の間を通って沖へと戻っていく際に、有機物は砂の間に残る。だから砂浜全体が巨大な餌集めのフィルターとして働くことになるわけだ。ここで待ち受けていれば餌に不自由はない。潮干狩りで、掘っても掘ってもアサリが出てくるが、砂地の潮間帯は、貝にとって、いかに良い場所であるかが、これで実感できるだろう。

生きたアサリを塩水にいれて観察すると、二本の管が殻の後方から突き出ており、一方からは水が入っていき、もう一方からは水が出ていくのがわかるだろう（小さな食紅の粒を管のそばに落としてみるとよくわかる）。入水管は掃除機のホースのようなものだから、これを用いて海底の表面の有機物の粒子を吸い込む。深くもぐる貝ほど長い水管をもっており、もぐったままで、摂食も呼吸もできる。二枚貝は、殻長（殻の前後の長さ）に水管の長さを足した長さとほぼ等しい深さにもぐっていると言われている。オオノガイは深くもぐる仲間で、三〇センチメートルほど掘ると出てくるが、殻長は八センチ程度、水管の長さは殻の三〜四倍もある。オオノガイやナミガイの水管は、あまりに長大すぎて殻内に収納できない。これらの水管をゆでて干したものが食用として売られている。

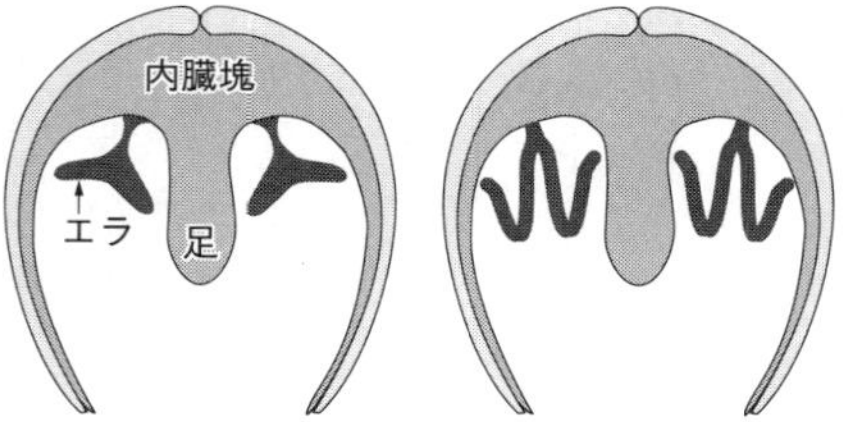

３－10　**エラの進化**　貝を横断面にすると、エラは逆ＹからＷ字形に変わっていった（Ruppert他 2004にもとづく）

エラの構造

軟体動物のエラは、さかさＹの字の形の板（ただしＹの柄は短く、広げた両腕はかなり太いが、板だから全体は平べったくて薄い）が、広い面を平行にして、ほぼ隙間なく一列に並んでいるようなものである。この薄い板にあたるものが鰓葉《さいよう》。鰓葉が多数、外套腔の中に突き出しているのがエラである（図の左）。

体外から外套腔へ取り込まれた水は、さかさY字の腕の下に向いたエッジ（こちら側を前面と呼ぶ）から上のエッジ（後面）へと、腕の側面を横切るようにして、鰓葉と鰓葉の狭い隙間を通り抜けていく。鰓葉の内部には血液が流れており、広い側面を通して水流中の酸素を血液へと取りこむ。そしてこの水流との広い接触面を摂食面としても利用して、有機物粒子を捕まえる。

呼吸のための水流を起こすのが側部繊毛である。これは腕の長さに沿って側面にずらりと並んで生えており、これが強力な水流を起こす。

濾過摂食をするようになった二枚貝のエラは、Y字の腕が長くのびて幅も狭くなり、途中で折れ曲がってW字形に変化していった（図3—10の右）。この変化には意味がある。呼吸をする際、水は腕の幅を横切るように流れていき、その間に酸素を取り込むのだから、腕は幅が広いほどよい。ところが有機物の粒子を水流から濾しとる場合には、水の入ってくるところに網を仕掛ければよいから、腕の幅は問題にならない。むしろ腕の長さが問題で、広い範囲にわたって網を仕掛けられるよう腕を長くするのがよい。そこで濾過摂食者においては、幅広で葉状の鰓葉が細長い糸状のものへと形を変え鰓糸《さいし》と呼ばれるようになった（エラそのものが大きくなったため、呼吸の面積は減少しない）。

さて、濾過摂食者になるには、装置が二つ必要である。水流を起こすポンプと、餌の粒子を濾しとるフィルターである。二枚貝の場合、どちらの装置にも繊毛が働いている。ポンプの働きをするのは側部繊毛であり、これは呼吸用のものが流用されている（図３—11）。フィルターの方は前側部繊毛である。これは鰓糸の前面と側面の中間の位置に一列に生えているもので、大変に特徴的な繊毛である。一つの細胞から何本も生えている繊毛が癒合して、広いうちわのようになっている。ただし先端部だけは癒合しておらず、先の方だけ紙が破けたバサバサのうちわを想像すればよい。これが隣の鰓糸へとのび出している。隣の鰓糸からも前側部繊毛がのび出してきており、この二つで、鰓糸の間を流れる水を遮る形になり、粒子はうちわの面で捕らえられる。前側部繊毛は前方に打っては戻り、打っては戻りを繰り返しており、前方に打つ時、繊毛に引っかかった粒子を、バサッと前方のエッジへと送る。鰓糸の前面（流れてくる水の方向に向いた面）には前部繊毛がずらりと生えていて、これは粒子を運ぶベルトコンベア。前部繊毛の列が、粒子をＷ字の下の尖

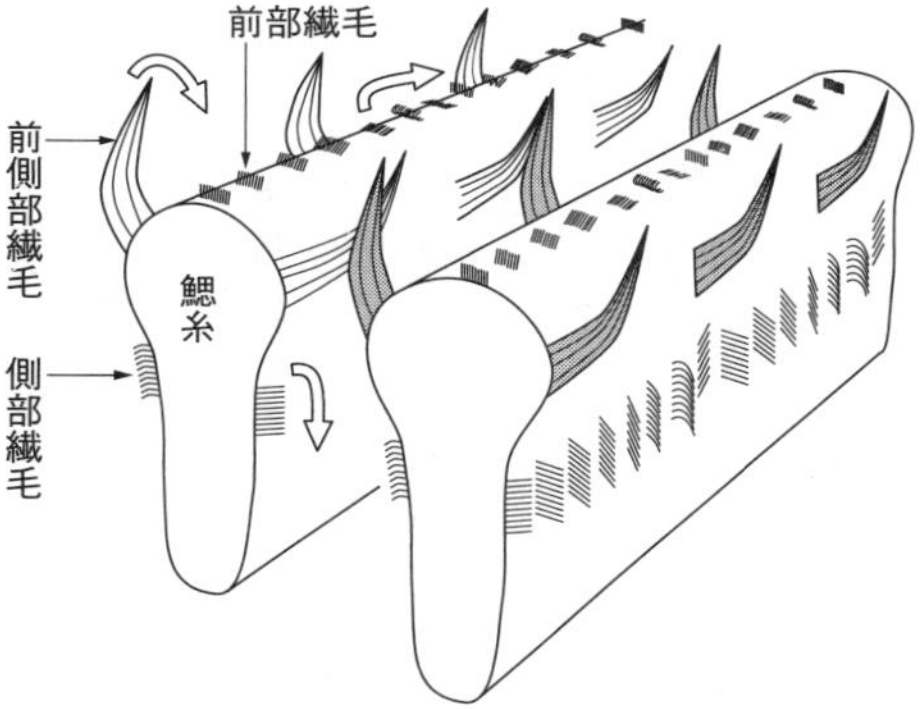

３－11　**鰓糸の繊毛**　カーブした矢印は、繊毛の有効打の方向（水や粒子を押す方向）を示す

った部分にある食溝へと運んでいく。食溝内にはやはり繊毛が生えており、これが粒子を唇弁へと送る。唇弁では粒子の大きさにより、口に送るものと捨てるものとに選別する。

二枚貝の殻の開閉

ふだん二枚貝は殻を少しだけ開き、その隙間から水管を伸ばしている。敵に襲われると殻をすばやく閉じる。殻を閉じるのが閉殻筋である。これは殻の前後に一本ずつあるが、前方の閉殻筋が小さくなったり（イガイ、図3—13）、完全に退化している（たとえばカキやホタテガイ）ことがある。

殻を開くのに働くのは筋肉ではなく靭帯（結合組織）である。殻は背中側で蝶番になっており、そこに靭帯があって、二つの殻をつなぐとともに、これがバネとして働いて殻を開く。靭帯にはアブダクチンという弾性タンパク質があり（「アブダクト」とは外に開くというラテン語由来の言葉）、これは昆虫のレジリン同様、ほぼ完全な弾性体である。だから何時間、何日と殻を閉じ続けていても、「靭帯のゴム」がのびきってしまうことはなく、閉殻筋がゆるめば即座に殻が開く。

閉殻筋は、性質の異なる二種類の筋肉からできている。一つがすばやく縮む筋肉。これを用いて殻をさっと閉じる。もう一つは、縮む速度は遅いが、長時間にわたり疲れずに殻を閉じておける筋肉。これはキャッチ筋と呼ばれる特別なものである。

殻には靭帯のバネにより、常に開く力が加わっているのだから、殻を閉じているということは、閉殻筋を収縮し続けているということである。干潮で干上がった時やヒトデに襲われた時など、殻を何時間も閉じ続けている必要がある。収縮し続ければ、筋肉は疲れてそれ以上働けなくなるのがふつうのこと。また、殻を閉じている間は水管を伸ばすことができず呼吸ができないから、閉殻筋へ酸素を供給できず、収縮しようにもエネルギー不足に陥ってしまう。だから長時間殻を閉じておくためには、ただ疲れないだけではなく、エネルギー供給の限られた状態でも収縮し続けられるという性質ももっていなければならない。キャッチ筋は、まさにこのようなものである。

キャッチ筋の収縮特性

キャッチ筋がどのような縮み方をするかは、次のような簡単な実験で知ることができる。生きたアサリを買ってきて、塩水に入れておく。しばらくすると貝は少々口を開き、水管を伸ばすだろう。そこで、開いた口にくさびをかませる。貝はびっくりして殻を閉じ、くさびをガチッとかんだ状態になる。そこでくさびをポンと抜く。即座に殻が閉じるかと思いきや、開いたまま。閉じようとはしないのである。ただし殻をさらにこじ開けようとすると、頑として抵抗する。逆に閉じる方向に殻を押せば、こちらは簡単に押すことができる。なんだか不思議なことが起こっているのだが、何が起きたのか、もう少し詳しく実験で調べてみよう。ニッパーで殻を割り、閉殻筋を、その両端に殻のかけらが付いた状態で切り出し、殻の一端をクランプではさんで筋肉をつり下げ、殻のもう一端に錘をかける。そうしておいて、閉殻筋に電気刺激を与える。短時間、交流の電気刺激を与えると、筋肉は縮み、すぐに弛緩して元の長さに戻る。そこで今度は、短いパルス状の直流刺激を与えてみる。やはり収縮するが、刺激が終わってもずっと収縮しっぱなしになり、錘は上がったまま。そしてその収縮した状態が何時間も保たれている。

この状態は、閉殻筋がより短くなろう短くなろうと収縮力を出し続けているのではない。それは錘をちょっと持ち上げて筋肉にかかる負荷を減らしてみれば分かる。より短くなろうと頑張っているなら、負荷が減れば、筋肉はさらに短くなるはずだが、そうはならない。しかし逆に、さらに大きな錘をかけて筋肉をもっと引き伸ばそうとすると、頑強にそれに抵抗する。直流刺激に反応して力を発生し続けている状態は、現在の長さより引き伸ばされないように力を出し続けている状態であることが、この実験から、はっきりと分かる。

つまりこの筋肉は、二種類の収縮ができるわけだ。刺激がなくなればすぐにゆるんでしまう収縮と、収縮しっぱなしになってしまい、それ以上の長さに引き伸ばされることに対して大きく抵抗する収縮（外から殻を開けられないように抵抗し続ける収縮）。後者の収縮状態をキャッチ状態と呼び、この状態をとれる筋肉をキャッチ筋という。キャッチ状態では、収縮しているにもかかわらず、エネルギー消費量が極端に少ない。休止時の一・五倍しかエネルギーを使わない（普通の筋肉は、収縮中に休止時の一〇倍近いエネルギーを使う）。きわめて少ないエネルギーで、殻を開けようとする力に対抗できるのがキャッチ筋なのである。しかも、その力がものすごい。普通の筋肉より二五倍もの大きな力で抵抗できる。キャッチ筋は、動物の筋肉の中で最強のものである。こんな筋肉があるからこそ、貝は長時間にわたり、殻をしっかりと閉じておくことができるわけだ。

キャッチの分子機構

キャッチという言葉を説明しておこう。これは「掛けがね」のこと。普通の筋肉を用いて殻を開けられないようにと頑張る状態は、たとえるならば暴漢が扉を押し開けて侵入してくるのを、一所懸命、扉を押さえて防いでいるようなもの。これは疲れるし、いつまでそれを続けていられるかは疑問だろう。しかし、扉に掛けがねを掛けてロックしてしまえば問題は解決する。そんなロック機構を備えた筋肉がキャッチ筋なのである。

キャッチ機構は単純なロック機構ではなく、ラチェットにたとえられる。ラチェットとは一方向にのみ回せる歯車のこと。逆向きに回らないように、尖った歯が回転とは逆方向に少し傾いており、また歯にかみ合うように、歯車の外部に一本の爪（歯止め）がある。この爪をはずしておけば

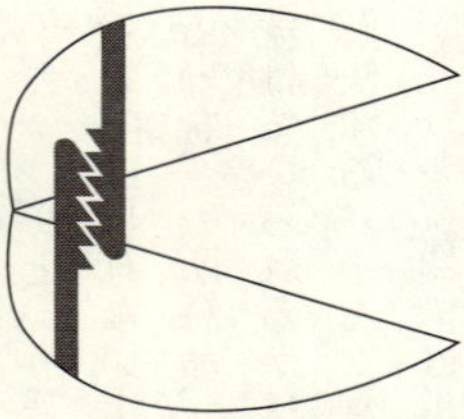

3－12　**ラチェット機構のイメージ図**　ジグソーの替え刃のようなものが上下から出ているように描いてある。キャッチ状態とは、上からの刃と下からの刃が密着して、ぎざぎざの歯がかみあった状態。この状態では、殻を開く方向には歯どうしがひっかかるが、閉じる方向なら、歯どうしはすべって殻は閉じることができる。キャッチを解除するには、替え刃間の距離を離せばよい

どちらにも回るが、爪をかけると一方向にしか回らなくなる。キャッチ筋も、殻を閉じる方向には動かせるが、開く方向には動かせなくする。だからラチェットとみなせるのである。

貝の筋肉はどのようにしてラチェット効果を発揮するのだろうか。ラチェットの爪に当たるもの（つまり掛けがねに当たるもの）がトゥイッチンというタンパク質である。筋肉の収縮は、筋細胞内にあるミオシン繊維とアクチン繊維が滑り合うことにより起こるが（四七ページ）、トゥイッチンはミオシン繊維に付随しており、これがラチェットの爪としてはたらく。爪のかけはずしは、トゥイッチンのリン酸化が司《つかさど》っている。リン酸が結合していないと爪がかかり、ミオシンとアクチンの繊維が固く結合した状態のままで固定されたキャッチ状態になる。トゥイッチンがリン酸化されるとキャッチ状態が解除される。

砂泥地から脱出した二枚貝類

砂泥地にもぐった二枚貝類であったが、再度表面に現れて岩の上で固着生活するものが登場した。砂泥地にもぐる生活とは、生物の遺体が分解したものが堆積してくるのを待つ生活である。そんな「待ちぼうけ」の受身の生活ではなく、流れや波あたりの強い場所に出向いていけば、有機物のかけらのみならず生きているプランクトンも多数運ばれてくる。海水中にたくさんの餌が懸濁《けんだく》している場所に陣取って流れを積極的にポンプで体内へと呼び込んで餌を濾しとって食べる、そんな懸濁物食へと食性を変えるものが二枚貝で現れた。外に打って出る積極姿勢に転じたと言ってもいい。

ただしそうするには、流されないように体を固定させる必要がある。たとえば潮間帯は外洋から波が常に押し寄せ、浮遊物が集まってくる場所であり、餌は豊富だが、そこに住むには軟体動物の祖先がやっていたように、広い足でしっかり岩に固着する等、体を固定するなんらかの手立てがいる。ところが二枚貝の足は斧の刃状になってしまったから、もはや固着には使えない。

そこで、カキのように一方の殻を岩に石灰でくっつけてしまうものが出てきた。自身が岩の一部になるようなものだから、固着法としては大変に安全なやり方である。ただしいったん固着したら移動は不可能。季節によって潮位が変わらなければいいのだが、日本の沿岸であれば夏場は潮位が高く、冬場は低い。季節によって潮位がどれだけ変わるかは場所によって異なり、季節で何メートルも変わってしまう場所もある。深いと波が弱いから流れてくる餌が少なくなるし、またヒトデなど深いところから攻め上がってくる捕食者に襲われる確率も高くなる。他方、浅いと干潮で干上がる時間が長く、それは大きなストレスになるし、その間、殻を閉じていなければならないので摂食時間が減る。また浅ければ陸から来る捕食者の心配もある。潮間帯では、浅い方から深い方へと、住んでいる動物種が異なり、動物の分布が帯状になるが、これは動物種によって住める深さが決まっているからである。そこで、最適な深さをいつも占めることができるには、季節ごとの移動が可能な岩への固着法が必要となってくる。

足糸と足糸牽引筋

その必要をみたすのが足糸《そくし》である。イガイ（ムール貝）などは足が糸を分泌し、糸の先を岩に貼りつける。貝はこのような糸（足糸）を何本も張り、糸の体側の端を、足糸牽引筋《そくしけんいんきん》が「束ねて握って」引っ張る。すると体は岩にたるみなくしっかりと固定され、この姿勢で貝は何ヵ月も同じ場所に留まっている。その間ずっと、足糸牽引筋は糸を引っ張り続けており、移動の必要が出た時にはじめて糸を手放す。そして自由になった貝は足を使って歩いていき、新たな場所で足糸を張り直す。

　この糸を握っている足糸牽引筋がキャッチ筋である。何ヵ月も足糸牽引筋は休むことなく糸を引っ張り続けている。それでも疲れない。なお、泥にもぐっている貝にも、足糸を使って泥中にある小石に付着し、体を安定させているものがいる。

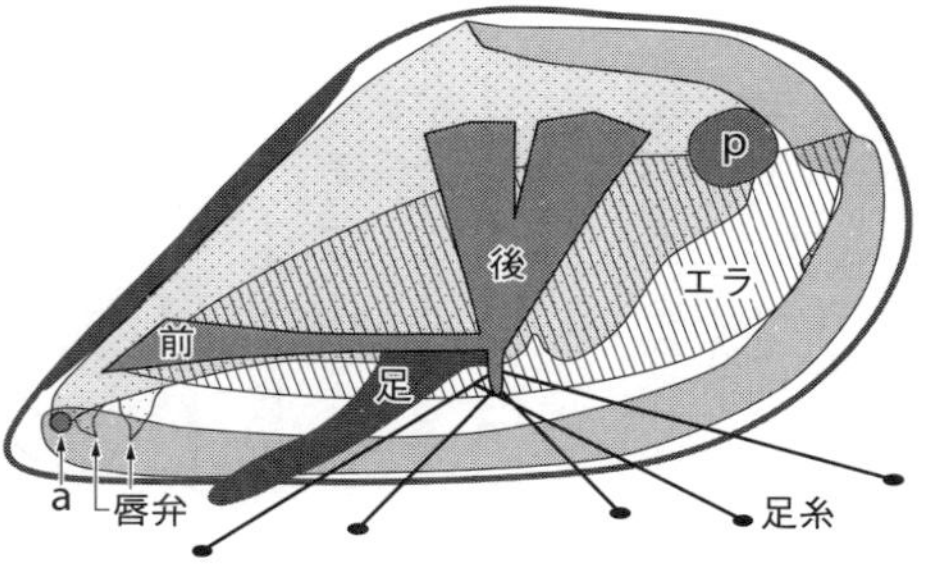

3－13　足糸と足糸牽引筋　二枚貝（ムラサキイガイ）の片方の殻をはずした図。斜線の部分が巨大な（濾過摂食用の）エラ。その下に前後の足糸牽引筋がある（白抜きの前と後）。閉殻筋も前後にあり、後ろのもの（p）が前（a）より大きい

　足糸はタンニングを受けた特殊なコラーゲンでできており、そのため足糸は茶褐色をしている。イガイの足は細長い円柱形で、足の付け根近くに足糸腺という分泌腺があり、ここから足先まで溝が走っている。コラーゲンの溶液が足糸腺から分泌されると、それは溝の中を足先まで流れていく。溶液は海水にふれて固まり、足の長さの糸となる。糸は強くて硬い。ただしバネのような弾性ももっており、波が当たっても切れないだけではなく、波の衝撃を和らげるショックアブソーバーとしても働くすぐれた糸である。

　貝は足糸の先端を、接着剤で岩に貼りつける。こ

の接着剤も特別なタンパク質で、L-ドーパというアミノ酸を含んでいる。大変に接着能力が高く、岩のみならず、ガラス・金属・木材・プラスチック、さらには（多くの人工の接着剤が不得意な）テフロンやポリプロピレンなども、水中で二〜三分で接着する。生体に無害なため、手術用の接着剤として使えるのではないかと期待されている。

足糸は二枚貝に特有のものであり、幼生の時代に海底の基盤に体を固着させるものとして進化したのだろうと考えられている。ホタテガイのように成体は固着しておらず足糸をもたないものでも、幼生には足糸が見られるからである。

軟体動物の場合、ゆっくりと動く祖先から、固着して濾過摂食をする二枚貝類が進化してきた。次章では逆のケース、固着して濾過摂食をしていた祖先から、ちょっとだけ動く生活へと移っていった棘皮《きょくひ》動物について述べる。棘皮動物も顕著な殻をもつ仲間である。

マイマイまきまき

マイマイまきまき　巻きながら
まきまきメキメキ　大きくなっていく
すくすく育って大きくなるけれど
体形　対数ラセンで　かわりゃせん

マイマイ巻貝　軟体動物門
ホオズキガイなら　腕足動物門
まったく違った分類群だけど
殻は　対数ラセンで　かわりゃせん

第4章　ヒトデはなぜ星形か——棘皮動物門Ⅰ

海中の「風景画」には、必ずウニやヒトデが描かれている。ウニもヒトデも、ここが海だということを示す分かりやすいサインとして、画家に愛用されているのではないだろうか。この仲間は海にしかいない。体は結構大きくて、てのひらサイズはあるし、ほとんどが海底にたたずんで露出している。簡単に見つけられ、棘《とげ》や星形は目立つ。他の動物門から容易に見分けがつき、とくに星形の体はきわめてユニークで美しい。

ヒトデは棘皮《きょくひ》動物門に属する動物である。棘皮動物の原語はエキノデルマタ。エキノは棘、デルマは皮（いずれもギリシャ語）。棘皮は直訳である。ウニもこの仲間であり、「皮（をかぶった）棘をもつ動物」とは、ウニがイメージされている。

棘皮動物には五つの仲間がいる（括弧内は英名の直訳）。ウミユリ（海の百合）、ヒトデ（海の星）、ウニ（海のハリネズミ）、ナマコ（海の胡瓜《きゅうり》）、クモヒトデ（壊れやすい星）の五つ。英名だと一つを除いて海がついている。これは棘皮動物がすべて海に住むことの反映である。唯一名前に海のつかないクモヒトデは、ヒトデの腕がごく細くなってクモの脚のようだとい

	棘皮動物門（約7000種）
1	ウミユリ綱（ウミユリ、ウミシダ）
2	ヒトデ綱（マヒトデ、アオヒトデ）
3	クモヒトデ綱（クモヒトデ、テヅルモヅル）
4	ウニ綱（ムラサキウニ、カシパン、ブンブク）
5	ナマコ綱（マナマコ、キンコ）

うので日本語ではクモヒトデであり、その腕にさわると簡単に切れてしまうため英語で「壊れやすい星（星＝ヒトデ）」と呼ばれている。

この星形（五芒星《ごぼうせい》の形）をしているのも棘皮動物の目立つ特徴である。ウミユリの仲間は大きくウミユリとウミシダ（海羊歯）に分かれるが、ウミシダの英語は「毛の生えた星（ヒトデ）」。ヒトデという和名も「人手」で、五本ののび出た腕をもつ特徴を指している。

棘皮動物の形

この仲間の目に見える特徴を、ヒトデとウニを例にとってざっと説明しておこう。

星形　なんと言っても目立つ特徴は、星形をした体。中央に口があり、そこから放射状に、五つの方向に体も器官ものび出た形をしている。その典型がヒトデで、円盤状の本体（盤という）から、放射状に五本の腕がのびている。動物といえば、ふつう左右相称の細長い体をもっているものだ。口が前、肛門が後ろというふうにはっきりとした前後軸があり、その軸に沿って口を前にして進む。腹は下（地面側）、背は上である。ところがヒトデの口は地面に向いており、歩いていくのは口とは直角の方向。これでは前後や背腹という、ふつうの動物を記載するやり方が通用しない。そこで棘皮動物の場合、口と管足《かんそく》のある面（海底の基盤に向いた面）を口面、その反対側を反口面とし、この二つの面を、体を記載する際の基本とする。肛門は反口面の中央にある。

管足　ヒトデをもち上げてひっくり返して口面を見てみよう。口から腕の先端まで、腕の中央を通って溝が走っている（図）。これが歩帯溝《ほたいこう》。しばらくヒトデをもち上げ続けていると、溝が開いて、中から透明で小さな管がたくさんのび出してきてうごめきはじめるだろう。これが管足。ヒトデの足であり、これで歩く。

4－1　**ヒトデ**　モミジガイ乾燥標本を口側から見たところ。中央が口。五本の腕の中央を走っている溝が歩帯溝。下は生きているオニヒトデの腕。歩帯溝が開いて管足がのび出したところ。管足の先端が吸盤になっているのが見てとれる（矢印）

棘皮動物の目立つ特徴に、この管足もあげられるだろう。なにせたくさんある。ヒトデの歩帯溝は、腕の横断面で見るとΛ形をしており、Λの内側の斜面から管足が数本出ている（一九一ページの図）。こんな管足の列が、腕の根元から先端までずらりと並んでおり、腕ごとに一〇〇本近くの管足が生えている。

殻　殻も目立つ特徴である。海辺のレストランの飾りつけといえば、ウニの殻、乾燥したヒトデが定番（それに貝殻、漁網、びん玉、流木）。貝殻は砂浜を歩けばすぐに見つかる。ウニの殻も（貝殻ほど多くはないが）見つかるだろう。ウニは貝と同様、死んだ後でも壊れにくい殻をもっている。ウニの殻を内側から注意深く見ると、一ミリメートル程度の小さなタイル状の骨で球形の殻ができていることが分かる。この小さなタイルを骨片と呼ぶ。骨片は貝殻と同様、炭酸カルシウム（石灰）でできている。ウニの場合、隣あった骨片どうしはしっかりとかみ合っているため、死んだ後でもばらばらにならない。だから殻が飾りとして使えるのである。

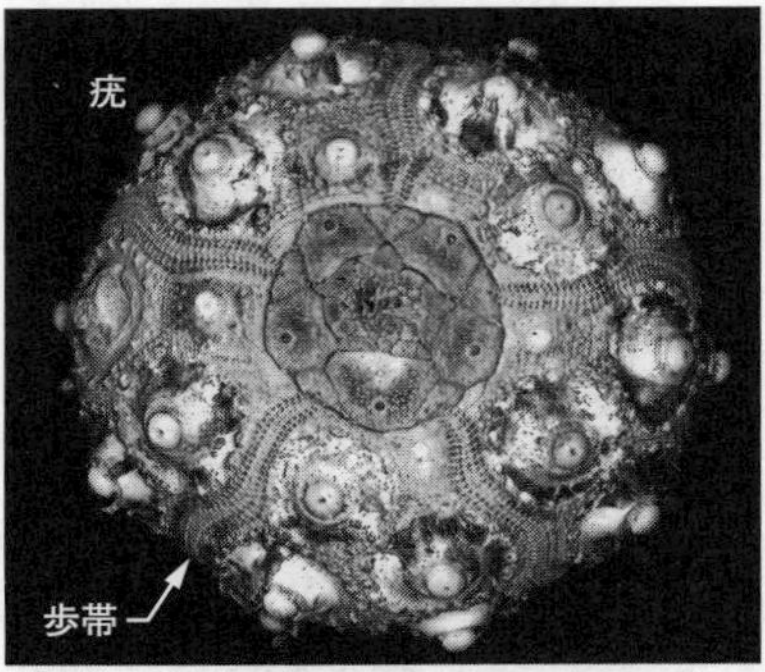

4－2　**ウニの殻**　ミナミバクダンウニを上（反口面）から見たもの。中央が肛門。そのまわりを五枚の五角形の板がとりまいている（そこに開いている孔が生殖孔で、ここから精子や卵が放出される。中央から放射状に五本、うねうねとした帯状のものがのびているが、これが歩帯。歩帯の両側のへりに二個の孔が並んでいるが、これは管足が通る孔。生時には、疣の上に棘がのっていた

ウニの殻の表面には、小さなふくらみ（疣《いぼ》）が放射状に並ぶ（図）。この疣の上に、生きていた時には棘がのっていたのだが、こうして棘を取り去った殻をながめると、球形に見えるウニも、五放射であることがよく分かる。ウニの管足は殻の内部から殻を貫いてのび出ている。そのための小孔のあいた骨片が、列をなして放射状に並んでおり、この列の部分が歩帯。歩帯の隣は孔のない骨片の列で、ここは間歩帯と呼ばれる。上（反口面）から見ると、歩帯と間歩帯の組が五放射状にぐるりと肛門のまわりに配置されているのが見てとれる。

体が小さな骨片で覆われているのはヒトデでも同じこと。しかし骨片どうしがウニのようにかみ合ってはおらず、また骨片が隙間なく並んでいない場合も多い（一九一、二ページの図）。骨片が隙間なく並んでいるタイプの殻は乾燥させても骨片がばらばらにならず、美しい星形が保たれる。サンゴ礁でよく見られるアオヒトデやコブヒトデがこれで、飾りに愛用され、土産物として（たいてい貝殻を扱う店で）売られている。

棘皮動物の進化

棘皮動物の進化について、ざっと見ておくことにしよう。いま生きている棘皮動物は五綱のみだが、昔は大いに栄え、化石だけで知られている綱が多数あった。

ウミユリ　ウミユリはそんな古い仲間の唯一の生き残りである。この動物はヒトデを逆さにして口を上に向け、反口面の中央から茎をのばして地面から「生《は》えて」いるようなものだと思えばいい。腕をのばした姿がユリの花ように見えるためウミユリ。流れのあるところを好んで生えており、流れてくるプランクトンや有機物の粒子を捕らえて食べる。そのような摂食方法を好流性懸濁物摂食と呼ぶ。ウミユリの場合、腕にずらりと並んで生えている管足で粒子をつかまえる。昔の棘皮動物はみなこうであり、管足はもともと食物を捕らえる手、いわば管手だった。古生代初期の海底は、これら花にもたとえられる姿のものたちがにょきにょきと生え、あたかも「花園」のような景観を呈していたのである。

流れのある場所とは、周りにじゃまになるものがない開けっぴろげの目立つ場所である。そんなところにじっとたたずんでいても大丈夫だったのは、当時、強力な捕食者が少なかったから。もちろん捕食者がいないといって、体の守りが不要というわけではない。流れの中にたたずんでいるのだから、砂粒などがぶつかってくるだろう。それでも傷つかないように体の表面を覆う必要があるし、また、流れの中に腕をのばして摂食の姿勢を維持しているのだから、流れに負けないだけの、しっかりと体を支持する頑丈な骨格系も必要である。そこで体の表面にびっしりと骨片を並べて覆い、この体の表面にある骨格系(つまり殻)で防御と姿勢維持とを兼ねていた。

古生代もデボン紀(約四億二千万~三億六千万年前)になって顎《あご》のある魚(顎口《がっこう》類)が捕食

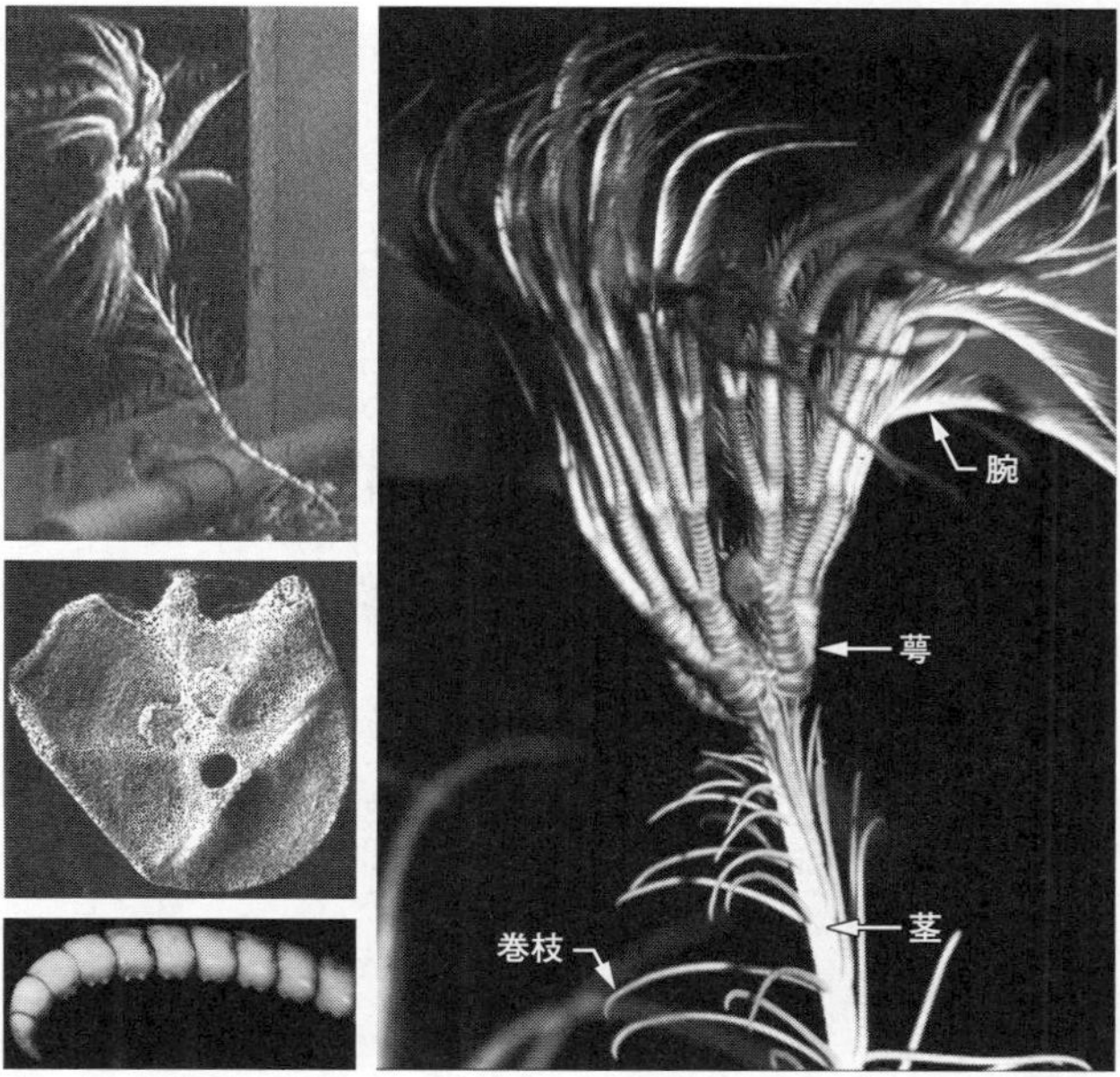

４－３　**ウミユリ**（トリノアシ）　右は上部の拡大写真。一本の茎の上に、萼とそこから伸びる複数の腕からなる本体がのっている。左上は水槽の金網をよじ登りつつあるウミユリ（茎の長さは約50cm）。茎の骨片は五角形のコインの形（こんなコインがフィジーやバミューダでだされたことがあるそうだ）。これが積み上がって長い茎が形成されている。コイン11か12個ごとに、コインの各辺から巻枝が一本（つまりコインごとに五放射状に計５本）伸び出している。左下は巻枝の拡大。円盤状の骨片が積み重なっている。腕もやはり、コインが連なった構造をしている。左中は腕の骨片の走査電子顕微鏡写真（コインの表の面）

者として繁栄してくると、こんな固着生活は成り立たなくなってきた。そこで一部のものは捕食者の少ない深海へと移住した。その子孫がウミユリで、今でも深海で繁栄している。深海とは、浅い海に住んでいる生物の遺骸や排泄物が分解して有機物の粒子となり、マリンスノーとして降り注いでくる場所である。流れのある場所にいれば、有機物の粒子はどんどん流れてくるわけで、深海は好流性懸濁物摂食者には適した環境なのである。

駿河湾《するが》は深海生物のとれる場所として有名で、私も沼津《ぬまづ》から出港して駿河湾でウミユリの仲間のトリノアシ（前ページの写真）を採集し、これを用いて実験していた。沼津には深海生物の水族館があり、トリノアシが展示されていることもある。

固着生活から自由生活へ

深海に逃れずに別の道を選んだ棘皮動物もいる。固着していて逃げ隠れできないからこそ食われてしまうのならば、自由に歩き回って逃げも隠れもできるようになればいい。そこで本体を茎から切り離して自由になり、地面に着地するものが現れた。着地する際、ウミユリ同様に口を上にしたまま着地して自由生活に入ったのがウミシダである。ウミシダはウミユリと同じ仲間。幼体の時にはウミユリそっくりの姿で茎をもち海底に固着しているが、成体になる時点で本体を茎から切り離し、細長い腕を地面に這《は》わせ、それをくねらせて歩くよう

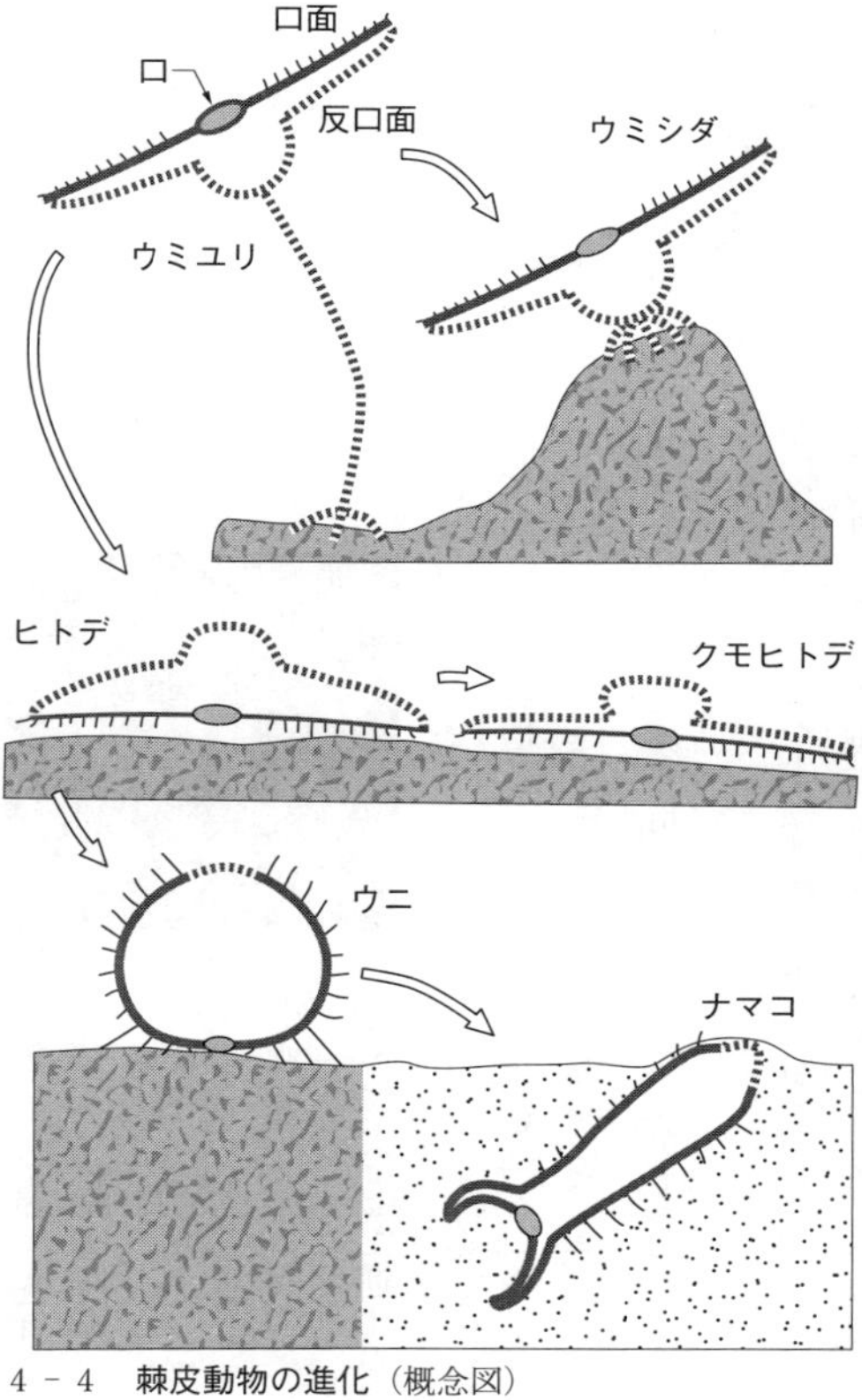

4－4　棘皮動物の進化（概念図）

になる。腕を上下に振って短距離なら不器用に泳ぐこともできる。

さてここからウミユリの仲間以外の、現生の棘皮動物の進化について語るのだが、今いるものたちの体がどんなふうにできてきたかを理解しやすくするために、見てきたような「お

4－5　**クモヒトデ**（上）**とテヅルモヅル**　どちらもヘッケル（8ページ参照）が描いたもの

話」をする。こうせざるを得ないのも、実際の進化がどう進んだかを、化石の記録はほとんど語ってくれないからである（ただし以下の話で仮定した進化の順番は、遺伝子の塩基配列をもとにした推測とは矛盾しないようにしてある）。

ヒトデ　ウミシダは口を上にして着地したが、それとは逆に、口を下にしてひっくり返って着地したのがヒトデである。ヒトデは管足のある面で着地し、今まで食物粒子を集めるのに使っていた管足を、足として使って歩き回るようになった（ただし、今のヒトデが茎をもつ幼体を経るわけではない）。

クモヒトデ　ヒトデの腕は太く、その中に消化腺や生殖巣が入っている。クモヒトデではそれらを中央の盤の中に収納して腕は細くなり、この腕をヘビのようにくねらせて歩く。クモヒトデ綱の原語はオフィウロイド（オフィスはヘビ、ロイド〔エイデス〕は形、共にギリシャ語）で、蛇尾類とも訳す。クモヒトデの仲間には腕がものすごく細長く蔓《つる》状になったテヅルモヅル（手蔓藻蔓）もおり、これの腕は複雑に枝分かれして一見、蔓で編んだ籠《かご》のように見えるため、英語では「籠星」と呼ばれている。この籠で餌を濾しとる。
テヅルモヅルは好流性懸濁物摂食者であり、これが棘皮動物の昔ながらの食事のしかた。普通のクモヒトデにも、流れの中に腕を高く持ち上げて餌を濾しとるものがいるし、ヒトデにも同様のものがいる（ただしヒトデは捕食者が多い）。ナマコではキンコの仲間（樹手類）が流れの中に触手を伸ばして懸濁物を食べる（ただしナマコは、泥や砂を触手ですくって食べるものが主流派）。ウニはみな藻類をかじるが、例外的に流されてくる藻類を棘でひっかけて集めて食べるタワシウニのようなものがいる。

ウニ　こんな想像をしてみよう。ヒトデの中に水を注入して、風船のようにふくらませてやる。その際、口面側がすごくのびやすく、反口面側はのびにくいとしよう。水を注入するにともない体はふくれ上がって丸くなるが、口面がぐんとのびて体の側面と上面の大半を覆うことになり、反口面は肛門のごく近くだけに限られてくる。こうなったものがウニである。
管足は口面にあるので、口面が広がるとともに、体のほぼ全面に管足が分布することになった。ウニは管足をのばして歩く。そして今や体の側面や上面にも分布して外界の海水に接するようになった管足は、呼吸にも使われるようになった。管足は軟らかく攻撃を受けやすい組織のため、これを守る長い棘を備えた。もちろん棘は管足のみならず、体全体を捕食者から守っている。口面に生えた棘を使って歩くウニも現れた。

ウミシダ・ヒトデ・クモヒトデはどれも、本体そのものはそれほど大きくなく、広げた腕を折りたためば、岩陰に隠れるのに不自由しない。彼ら（とくにウミシダとクモヒトデ）は餌を探すときだけ外に出てくる。ウニは大きく膨らませた殻をもち、これは隠れるには適さない体形である。そこで大きな殻に棘を生やして守りを堅固にする。棘は体を守るとともに、体をさらに大きく見せる。大きければ敵に食われにくい。大きな体で堂々と海底に身をさらし、逃げ隠れしない強気の姿勢をとったのがウニだと言っていい。

その強気のウニの中にも、砂の中に隠れて生活するものが現れた。カシパンやブンブクの仲間である。カシパンは円盤状をしており、英語では「砂の一ドル硬貨」。ただし中央が少々盛り上がっているので、より正確には甘食《あましょく》に似ている（だからカシパン）。ブンブクの英名が「心臓ウニ」なのは、卵形の殻の、尖っていない方の端がちょっと凹んでハート型をしているから。和名のブンブクは、後ろ向きに生えている多数の細い棘が、毛深いタヌキの化けた分福茶釜《ぶんぶくちゃがま》を連想させるからである。これらのウニは、棘で砂を掘り進む。その際、球形の体では抵抗が大きくなるので、平たい形や卵形になった。また、排泄物が水に運び去られない砂の中という環境への適応から、肛門を殻の後端に移動させ、排泄物を置き去りにできるようにした。そのため、体形が「普通の」ウニがとる端正な五放射相称形から少々はずれており、「普通の」ウニを、通称、正形類と呼ぶのに対し、カシパンやブンブクの仲間は不正形類と呼ばれている。

ナマコ　ウニを上下に細長く引き伸ばして横にコロンと寝かせたものがナマコ。それまでの棘皮動物は海底の表面で生活していたが、ナマコの祖先はいったん砂の中にもぐる生活に移行した。砂にもぐってしまえば捕食者の心配はなく、身を守る棘も、体の表面を覆っていた骨も必要ないのだろう。骨片は肉眼では見えないごく小さなものになって体内に散らばっている。ナマコは口を先にして砂の中を進む。その際、ウニのような球形の体では砂の抵抗が大きくて不都合だが、これは不正形類と同様の事態。ナマコはそれへの対応として、体を細長く円柱状に引き伸ばし、口が前、肛門が後ろの、ごくふつうの左右相称動物に近い体形になった。

そんなものが、再度砂の上に這い出てきたのが今いるナマコたちである（今もって砂中で暮らすナマコもいる）。ナマコは一見左右相称になったが、元の五放射相称を捨て去ったわけではない。口側から眺めればそれがよく分かる。口を取り巻いて生えている触手は五本もしくは五の倍数。これで砂をつかみ口の中に押し込んで食べる。歩帯（管足が列をなして生えている帯状の部分）も、口から肛門へと五列走っている。五列の歩帯のうち、三列は地面に向いた側（腹側）に、二列は背中側にあり、腹側の管足が歩行に用いられる。背中側の管足は呼吸に使われるが、ナマコには呼吸樹という専門の呼吸器官があり、背中側に管足をもたないナマコも多い。

†コラム　ヒトデとナマコの呼吸

管足はウミユリやウニでは主要な呼吸器官だが、他の綱においても多かれ少なかれ酸素の取り入れ口として働いている。管足以外の呼吸器官には、綱により違いが見られる。

ヒトデとクモヒトデは、口面は海底の基盤に接しており、管足は自由な海水に触れてはいない。そこでヒトデの場合、自由な海水に面している反口面に多数の微小な突起（皮鰓《ひさい》）を生やし、これで呼吸する。透明な袋状で、指で皮鰓にさわると、まわりの皮鰓もいっせいに引っ込むところは管足同様である。みかけも微小な管足のように見えるが、皮鰓は体腔（体の中心部の腔所で、この中に体腔液が詰まっていて、これに臓器が浮いている）が管状に体表までのび出たものである。皮鰓から内部の体腔液へと取り込まれた酸素は、体腔液の流れにのって体内に運ばれていく。流れは、皮鰓をはじめ体腔の内表面に生えている繊毛の動きによってつくられる。

クモヒトデは口をとりまくように五放射に一〇個、盤の内面へと陥入した袋（生殖嚢）があり、これに海水を出し入れして酸素を取り込む。生殖嚢と呼ばれるのは、中に幼生を入れて保育する袋としても働くからである（カンガルーの袋のように）。

ナマコには呼吸専門の特別な器官（呼吸樹）がある。これは消化管の後端から体腔内へとのび出した管状のもので、先が樹のようにたくさんの枝に分かれている。これが体腔液中に浮いている。ナマコは肛門から海水を取り込んで呼吸樹の中に送り込み、枝分かれした呼吸樹の広い面積を通して体腔液へと酸素を供給する。何で尻なんだと不思議に思われるかもしれない。一般に、呼吸器官は消化管の一部がふくれてできたものである。われわれの場合、口の近くがふくれて肺となった。ナマコの場合に尻の近くがふくれて呼吸樹となったのは、体は砂の中に潜っており、尻を砂の表面に出して酸素を取り入れていたからである。

ヒトデはヒトの親戚

栗のいがそっくりだったり、植物まがいの名で岩から生えていたり、海底に墜《お》ちた星のようにじっとたたずんでいたりと、動物とは言いながら、われわれとは似ても似つかぬものが棘皮動物。ところがなんと、彼らには脊椎動物と共通点があり、われらの親戚筋にあたるものなのである。

動物が卵から発生していく際に、まず、ボール状の胚となり、それに腸（原腸）ができる（七ページ）。原腸の入り口が原口である。原口がそのまま成体の口になっていくのが旧口動物で、今までとり上げた刺胞動物・節足動物・軟体動物はみなこの仲間。大半の動物はこれに属している。それとは違い、成体の口が、原口とは別の位置に新たにつくられる仲間がいる。これが新口動物で、棘皮動物・半索動物・脊索動物（われわれの仲間）の三つがこれにあたり、これらは親戚関係にあると考えられている。本章以降は棘皮動物と脊索動物を扱うが、ここからはわれわれ自身の仲間について述べていくことになるわけだ。

星　形（棘皮動物の特徴一）

棘皮動物はユニークな特徴をいろいろともっており、その代表的なものを表にあげておく。これらのユニークな特徴が、他の動物たちとまったく異なる彼ら独自の世界をつくりあげるのに貢献している。それを本章と次章とで見ていくことにしたい。二章も割いたのは、私が四〇年以上も彼らを研究してきたからであり、多少の依怙贔屓《えこひいき》はおめこぼし願いたい。

棘皮動物のユニークな特徴	
1	星形（5放射相称形）
2	管足
3	皮膚内骨片（外骨格的内骨格）
4	キャッチ結合組織
5	低エネルギー消費

何度もくり返すが、棘皮動物を一目見て気づくユニークな点は星形をしているところ。動物といえば、ほとんどが左右相称の細長い体をもっている。動物とはそもそもすばやく動くものであり、左右相称の細長い体は、早い運動に適した形だからだ（コラム）。ではなぜ棘皮動物が左右相称ではなく星形なのか。それをこれから考えていくことにしよう。

†コラム　なぜ左右相称で細長い動物が多いのか

　左右相称の細長い体は動いていくのに適した形である。

細長い形　これは水や空気の抵抗が少ない形である。動物はまず海で進化した。泳いでいって餌を捕らえる。ナマコが砂中で細長くなったのには、砂をかきわけて進む上での抵抗を少なくする意味があったろうという話をしたが、水の中でも同じこと。水へとぶつかっていく面が小さいほど抵抗が少なくなり、速く楽に泳げる（実感したければ風呂に入った時、湯桶《ゆおけ》を沈め、側面を前にして押すのと広い底面を前にするのとを比べてみればいい）。進んでいく面を小さく（つまり体を細く）すればいいのだが、細くしたら、その分、体は長くならざるを得ない。臓器を入れる体積を確保しなければならないからである。水中で泳ぐ生物の多くは、体をくねらせるように、つまり体側で水を押して進むので、体が長くなって体側の面積が大きくなるのは、泳ぐ上でも有利である。

左右相称　まっすぐに進んでいくには左右相称でないと困る。ボートの左右でオールの数が違っていたら回ってまっすぐ進めないし、たとえオールの数が同じでも、ボートそのものが曲がっていれば、いつも舵《かじ》を曲げているようなもので、やはりまっすぐ進めない。

口・眼・脳は前端、肛門は後ろ　泳いでいくのはおもに餌を求めるときであり、餌に逃げる時間を与えずに食いつくには、口は先端にあるに越したことはない（逃げない餌の場合でも、他者に横取りされないよう、すばやく食らいつけた方がいい）。進んでいく方向に餌がないか、敵はいないかをいちはやく知るには先端に眼や鼻があるのが良く、また、口に入れる前にそれが食べて安全かを確かめる必要があるから、口の近くに匂《にお》いや味の受容器が配置される。

そしてそれらのセンサーからの情報をすばやく判断する脳は、感覚器官の近くに置くべきである。遠いと時間がかかる上に、感覚器官からの情報は電気信号の形で送られるため、脳までの距離が長ければ外部から雑音を拾って間違いが起きやすくなるからある。そこで口、感覚器官、脳が前端に集まって頭ができる。肛門の位置は後方。排泄物を前から出せば、それをかき分けて進むことになってまずい。こうして頭が前、肛門が後ろという前後軸ができた。

以上の理由で、泳ぐためには細長く、左右相称で、前に頭、後ろに肛門、という体形が良い。今、泳ぐことを例にとったが、それは陸上や地中を進む場合でも同じこと。動物はその名のとおり動く物が多いから、このような運動に適した体形のものが多く見られるのである。

動かない生物は放射相称

よく動く動物には細長い左右相称形が適している。では固着生活を送り、体の移動運動を行わない生物にはどんな形が適しているのだろうか。植物は、真上から見れば、幹の断面が丸く、そこから周り四方八方へと放射状に枝を伸ばしている。イソギンチャクやサンゴのポリプも同様で、胴の断面は丸く、口の周りから触手を放射状に伸ばしている。

このような放射状の形は、どの方向にも同じように向き合える形である。植物の場合、光がどの方角からでも来る環境なら、葉が光を満遍なく受け取れるように、放射状に枝を突き出すのが良い。イソギンチャクの場合でも、餌のプランクトンがどの方向からも泳いでくるので、それを捕まえる触手は、すべての方向に向かって均等にのびているのが良い。

よく動く動物のもつ細長い体は、一方向（＝進む方向）に特別に配慮した形である。それに対して、放射状の形は環境に均等に向き合うよう配慮したものである。

ただし木もポリプも、やはり細長く、円柱形である。円い断面は均等への配慮だが、長いのは背丈が問題になるから。丈高い方が他の物の陰にならず、光や流れに乗ってくるプランクトンを捕まえやすくなるし、丈が高いと伸ばせる枝の数をより多くすることもできる。

なぜ五放射なのか

棘皮動物も動かない生物同様、放射状の形をしている。ただしこれは親になってからのこと。プランクトンとして泳ぎ漂っている幼生期には左右相称形をしている。親の放射相称の形は、祖先の成体がとっていた固着生活を反映したものと思われる。

棘皮動物の場合、ただ放射状というだけではなく五放射相称である。五回の回転対称、つまり中心軸のまわりに七二度（360°÷5＝72°）回転させるとまったく同じになる形。なぜ五なのだろうか。いくつかの仮説が提出されてきた。

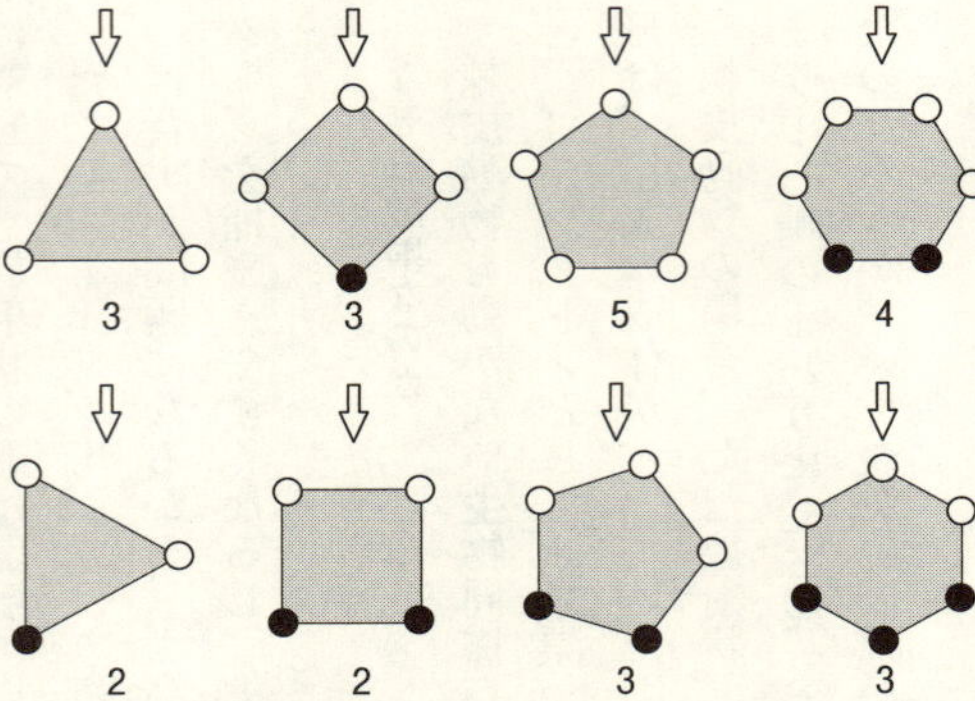

4－6　**滑走路仮説**　矢印が水流の方向。上段は、働ける腕の数が最大になる体の向き、下段は最小になる向き。数字は有効な腕の数

仮説1　滑走路仮説

棘皮動物の祖先は茎の上に本体があり、そこから何本かの腕を上へとのばして、流れにのってくる食物粒子をつかまえていた。そこで断面が正多角形の本体をもち、その角ごとに腕が垂直に立っている動物を比べてみよう。正何角形だと一番むだなく餌をつかまえられるだろうか。

図は、真上からこの動物を見た様子である。丸が垂直に立った腕の断面。流れは図の真上から来るとしよう（白抜き矢印）。流れに近い腕がまず餌を捕らえる。そういう腕を白丸で描いてある。次いで流れは遠い側の腕まで達するが、四本や六本の場合、遠い腕は近い腕の真後ろになり、そこに流れてくる水は、すでに近い腕により餌をとられてしまった、いわばカス。腕があっても水に餌が含まれていないから摂食に寄与できない（そのような陰になった腕を黒丸で示してある）。結局、腕が四本あっても餌をとれるのは三本。六本なら四本。偶数本だと働けない腕が出て

くる。ところが腕が三本や五本では、遠い腕は近い腕の陰にならないから、すべての腕が摂食に働ける。

体の向きが違えば、もちろん働ける腕の数は変わってくる。さっきの例では有効な腕の数が一番多くなる向きだったのだが、図の下に示したものは一番少なくなる向きのもの。こちらの場合も、やはり腕が奇数本の方が、むだが少ない。

以上、六本までの例を考えたが、これ以上腕の数が増えると、当然、腕の間隔が狭まるから、流れの反対側の腕は実質上すべて陰になり、無駄が多くなるだろう。また上の図に描いた状況から体をほんの少し回転させれば、四本や六本でも直接真後ろになる腕をなくすことができるが、この場合も腕の間隔がかなり狭まっているので、実質、後ろ側の腕の摂食効率はかなり落ちるのではないだろうか。

こう考えてくると、働ける腕の数が無駄になりにくいのが奇数。そして奇数のうちでも三と五とを比べて、三は腕の数があまりに少ないとすれば、五本が一番良いことになるだろう。この仮説はD・G・スチーブンソンが一九七六年に唱えたものである。

五を基本にした形の動物は棘皮動物のみである。もし五の仲間にさらに加えるとすればホシムシ（星口《ほしぐち》動物門）がいる。これは、しもぶくれのミミズのような形のもので、砂の中や岩の穴に入っており、穴の口から触手を伸ばしている。体は細長く左右相称。ただし口の周りにある触手が、種によっては五本放射状にのびているため、星のような口の動物と呼ばれている。五はそこだけ。ホシムシはその触手で、懸濁物をとらえるか堆積物をつかんで食べる。懸濁物食者が五という点では、今の仮説に有利な例になるだろう。

花びらは五弁が多い

動物では、五は例外的にしかお目にかかれない。ところが植物に目を移せば、ごく普通に五に出会える。「朝日に匂ふ山桜」は五枚の花びら、「匂ひおこせよ梅の花」もそう。サクラが日本、ウメが中国を代表する花だが、ヨーロッパではバラだろう。バラの原種は五弁である。以上の三つはどれもバラ科。バラ科は果実もおいしく、モモ、ナシ、リンゴ、ビワもバラ科で五弁花。

サクラが終わって五月《さつき》のツツジ科、盛夏のアオイ科・キョウチクトウ科、そして秋に紅葉するカエデの仲間（ムクロジ科）も五弁。秋の七草のうち花弁の数えやすいもの（キキョウ、ナデシコ、オミナエシ）はみな五弁花である。冬のサザンカやツバキ（ツバキ科）も五弁。四季折々に楽しむ花は、多くが五弁である。

果実や芋でお世話になっているものにも五弁花が多い。ナス科（ナス、ジャガイモ、トマト、タバコ）、ウリ科（ウリ、キュウリ、スイカ、カボチャ、メロン）、ブドウ科、ミカン科、キウイフルーツの属するマタタビ科など。他にキンポウゲ科、ベンケイソウ科、ユキノシタ科、カタバミ科と、五弁花の仲間をどんどん挙げていくことができる。

では四弁花にはどんなものがあるだろうか。四弁花の代表はアブラナ科。花弁が十文字に並ぶため、かつては十字花植物と呼ばれていた。スーパーに並んでいる野菜にはアブラナ科が多い。ただしそれほど種が多いわけではない。じつはアブラナ、カブ、ハクサイ、コマツナ、ノザワナ、チンゲンサイはブラッシカ・ラパという同じ種の中の変種。同じブラッシカでも、ブラッシカ・オレアケアという別種からはキャベツ、カリフラワー、ブロッコリーという変種がつくられた。ダイコンは以上とは異なるアブラナ科。四弁花としては他にケシ科、アカネ科などがある。アジサイは四弁花に見えるが、花弁に見えているものは萼《がく》。萼は花弁の外側、花の根元にあって花を包んでいるものである（棘皮動物の場合でも萼という言葉を使う。ウミユリの本体の下部に萼があり、ここから五本の腕がのびている）。

五と四を見たが、では六弁花はどうだろう。六弁花でまず名が挙がるとすれば、ユリ科（ユリ、チューリップ）やアヤメ科（アヤメ、ハナショウブ、グラジオラス）だろう。じつはこれらのものでは、六弁のうち花弁は三枚だけ。その花弁に三枚の萼が花弁そっくりになって加わり、六弁花のようになっている。同じことはヒガンバナ科（ヒガンバナ、スイセン）やアケビ科でも起きている。花弁が本当に六枚のものもないわけではなく、モクレン科（ハクモクレン、コブシ、タイサンボク）、アカネ科のクチナシ、ザクロ科など。

花弁は滑走路？

なぜこれほど五弁花が多いのだろう。その説明に、先ほどの仮説が使えるのではないかと気がついた。あの仮説で、腕を花弁に、流れてくる餌を飛んでくる昆虫に置きかえてみればいい。

被子植物は、もともと風を使って花粉を運び受粉する風媒花であり、花は小さく目立たないものだった。その後、昆虫を受粉に利用する虫媒花が登場し、花弁が大きくなった。この目立つ花弁は、虫の視覚に訴え、ここに蜜があると示しておびきよせる看板の役目をはたしている。

さて、看板なら面積が大きければどんな形でもよさそうだが、花にはもう一工夫、仕掛けがあるようだ。花は中心から楕円《だえん》形の花弁が放射状にのび出していて、五弁花なら中心を通る五本の軸がある。ここがみそ。花弁はただ見せるだけの看板ではなくて、虫を花の中央へと導く役目もはたしているのではないだろうか。

花弁は滑走路だと私はみなしている。飛行機が着陸態勢に入る時点では、空港はまだ遥かかなたで、滑走路は短い直線として見えるだけである。機体の向きと滑走路の向きとがずれていれば、線は斜めに見え、一致していると垂直に見える。飛行機は、滑走路が垂直に見える状態を維持しながら高度を下げ続けることで、あやまたず滑走路にたどり着ける。つまり滑走路は、向かってくる飛行機に、向かう目標を与えるだけではなく、その目標にきちんと定位しているかを教えてガイドする役目もはたしている。

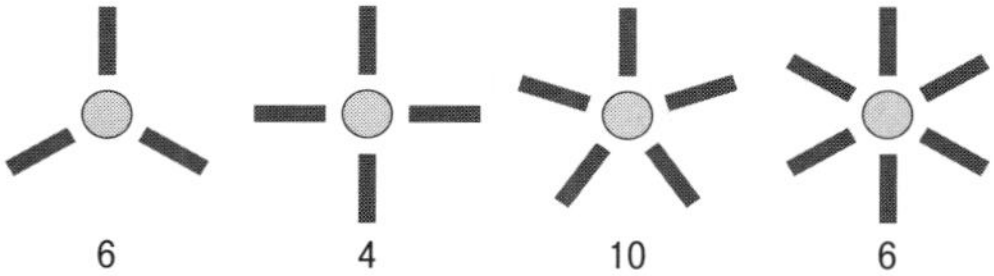

４－７　**滑走路の本数と誘導可能な方向の数**　中央の（丈が低くて飛行のじゃまにならない）ターミナルから放射状に滑走路が伸びている場合

一本の滑走路は、どちら向きにも使うことができる。つまり一八〇度逆の二つの方向から向かってくる飛行機を誘導できる。だから五本の滑走路が放射状に走っていたら、誘導できる方向は一〇方向。三本なら六方向。ところが四本の滑走路が十字になっていたら誘導できる方向は四方向のみ。六本の滑走路なら六方向。つまり奇数であればその倍の方向を誘導できるのに対し、偶数ならその本数分しか誘導できない。ここで滑走路を花弁、飛行機を虫に置き換えて考えれば、奇数枚の花弁の方が、花弁あたりにして多くの方向の虫を誘導でき、それだけ受粉の確率が上がり効率が良くなるだろう。

偶数で設計すると無駄が生じるのである。これは滑走路も花弁も棘皮動物の腕も同じこと。ただし奇数が良いと言っても、一本や三本では誘導方向が少なすぎるだろう（だからユリのような三弁花は、萼まで動員して見かけ上の花弁の数を増やしているのかもしれない)。また、滑走路が七本以上になると、隣がごく近いため、遠くから見たら垂直の線に見えるかどうかを定めにくくなる。そこで最適数は五本に落ち着くのではないだろうか。

ただし花の場合、五弁花となる以外の戦略もある。花弁は幅が広いから、数が多いと花弁どうしがほぼ重なってしまい、線の見え方で定位させるのがさらに難しくなる。そこで幅の広さを使って単純に花の面積を大きくし、遠くからでも見やすくする。面積で勝負するこの方策をとったのが合弁花で、花弁を合着させて一続きの大きな花弁にしてしまった。さらに別のやり方で面積を大きくしたものもいる。それがキク科(キク、タンポポ、ヒマワリ、アザミなど)で、多数の花を集めて一つの大きな花のようなもの(頭状花序)をつくる。

以上、奇数が良い、奇数のうちでも五が良いという仮説は、棘皮動物から滑走路、花へと普遍化でき、これを「滑走路仮説」と私は(勝手に)呼んでいる。

さらに普遍化して言えば、自分が動かず、相手(環境、具体的には水・飛行機・昆虫)が動いてくるものでは、奇数の方が、環境中のより多くのものと付き合えて良い。それに対し、自らが動く場合には、向かって行く方向という特別な軸が存在し、抵抗をすくなくするために体(機体)はその方向に長くなる。そして、その軸の両側の環境と均等に付き合わなければまっすぐに進めないため、左右相称で脚(翼)の数などは両側で同じ、つまり偶数になる。

仮説２　サッカーボール仮説

別の仮説もある。棘皮動物は骨製のタイルを敷き詰めて体の表面を覆って守っている。しっかりと覆うには、タイルが隙間なく並んでいなければならないが、そうするには正何角形のタイルを用いるのが良いかを考えてみよう。

平面ならば正三角形、正四角形（正方形）、正六角形のどれを使っても隙間なく敷き詰められる。しかし正五角形や正七角形では隙間ができる。

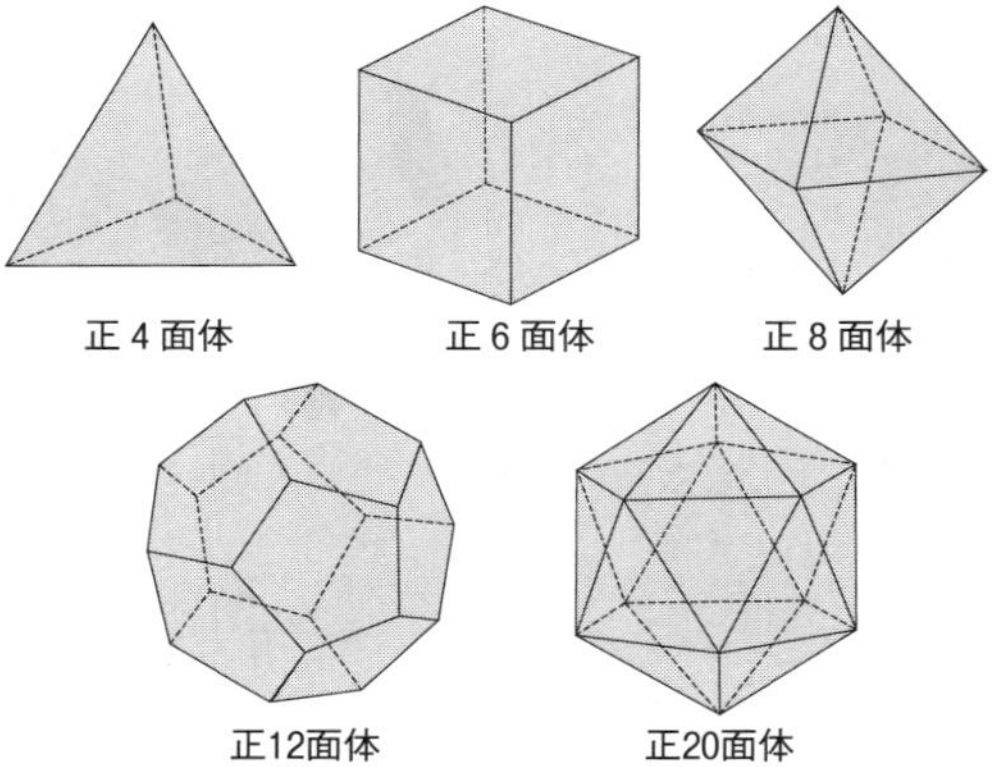

４－８　プラトン立体

では、立体を覆う場合はどうだろう。昔の棘皮動物はやや縦に長い球形の本体をもち、その下から茎がのびて海底に固着していた。そんな本体を包むにはどの形のタイルを使えばいいだろうか。ただし、残念ながら球を正多角形のタイルで隙間なく覆うことはできないことが分かっている。

そこで逆に考え、正多角形のタイルを使って、で

4－9　サッカーボール

きるだけ球に近い形をつくることを考えてみよう。一種類の正多角形からできた多面体はプラトン立体と呼ばれ、五種類しか存在しない。正四面体（正三角形を四枚貼り合わせたもの）、正六面体（正方形を六枚、サイコロ形）、正八面体（正三角形を八枚、ピラミッドを二つ貼り合わせたような形）、正一二面体（正五角形を一二枚）、正二〇面体（正三角形を二〇枚）。これら五種のプラトン立体のうち、正六面体だけが正偶数角形のタイル（正方形＝正四角形）でできており、あとはみな正奇数角形のタイル（正三角形と正五角形）でできたもの。

五種のプラトン立体のうち、それなりに球に近いのは正一二面体と正二〇面体である。どちらが球に近い形をしているのだろうか。そこでこの二つの多面体に内接する球と外接する球との体積の差が小さい方がより球に近いと考えて計算したところ、二つで差のないことが分かった。どちらも同程度、球に似ているのである。つまり、正三角形か正五角形を用いれば、それなりに球に近い形がつくれ、そして逆に、これら正三角形や正五角形で球を覆えば、隙間はできるが小さくできるのである。ちなみに、正一二面体は正五角形でできているので、もちろん五が関係するが、正二〇面体も頂点から眺めると、中心から五放射にのび出した形に見えるので、五が関係すると言えないこともないだろう（かなり強引だが）。

もっと球に近い形にするにはどうしたらよいだろう。その工夫をしているのがサッカーボールである。黒い正五角形の革一二枚と白い正六角形の革二〇枚を縫い合わせてつくっている。正六角形は正三角形を六枚並べたものだから、正五角形一二枚、正三角形一二〇枚を用いてもこの形はできる。この形は準正三二面体と呼ばれるものだが、正二〇面体の各頂点を切り落とすことによってもつくれるため、切頂二〇面体とも呼ばれている。これは正一二面体や正二〇面体より、さらに球形に近い。

こんなふうにあれこれ考えてみると、どうも五（もしくは五や三という奇数）を主体にすると球に近い立体を隙間なく覆うことができそうである。正五角形の骨片をまずつくり、その五つの辺に正五角形に近い骨片を貼り足して体を覆っていくから棘皮動物は五放射になるのではないかというのがサッカーボール仮説である。

棘皮動物は奇数の道をあゆんできたという仮説

かつて棘皮動物には、五ではなく、三をベースにした仲間が存在していた。その三の仲間から現在のような五の仲間が進化してきた、つまり三から五へと、奇数の道を歩いてきたのが棘皮動物なのだという説である。

棘皮動物のごく初期のものに螺板《らばん》類がいる。カンブリア紀前期のものだが、これはラグビーボール形の体をもち、その尖った一端を海底の基盤に埋めて立っていた。腕はない。他の棘皮動物同様、体が板状の骨片で覆われており、板が螺旋を描くように並んでいるため螺板という名がついている。好流性懸濁物食者であり、摂食する際には体をねじる。すると重なり合った骨片がずれて体が細長くせり出し（ちょうど望遠鏡やカメラのレンズをねじってせり出すように）、丈が高く摂食に有利な姿勢になり、ラグビーボールの表面を走っている歩帯から管足を出して懸濁物を捕らえて食べていた。この動物には歩帯が三本しかないように見える。三をベースにした体をもっていたのが螺板類のようだ。

螺板類の三本の歩帯の内の二本が、それぞれ二叉に分かれて四本になり、分かれなかった残りの一本と合わせて計五本の歩帯をもつ現在の形の棘皮動物へと進化していったのだという説があり、それが正しいとすれば、棘皮動物は三から五へと、奇数の道をあゆんできたことになる。

固着生活をしていない棘皮動物

以上のことから、固着生活を送るものでは五が良いと結論できるだろう。

ところで、今いる多くの棘皮動物は動き回るものたちである。それらが祖先同様、五放射の体を保っているのはなぜだろうか。

これはヒトデもウニも、ゆっくりとしか動かないからだと思われる。まずはウニ。バフンウニが歩く速度は時速二メートル程度。ウニの中で最も速い部類に属するガンガゼでも時速二七メートルである。じつはこの二種では歩く器官が異なり、バフンウニは管足を使って歩き、ガンガゼは棘を使って歩く。長い棘を使って歩くものほど速い傾向があるが、それでも時速たったの二七メートルなのである。

ヒトデは管足で歩く。イトマキヒトデのふだんの歩行速度は時速一メートル程度。捕食者であるニチリンヒトデの匂いを感じとると速度を上げて逃げ出すが、その時でも時速五メートル程度である（桐原一九九二）。

これだけ歩みがゆっくりだと、運動から生じる水の抵抗はごくわずかしかない。抵抗は速度の自乗に比例するから、遅いものほど抵抗が急速に小さくなる。時速数メートル程度なら抵抗は無視でき、あえて細長い体をとらなくても問題にならない。

かえって放射相称の形を保っていた方が良い点がある。

①**防御**　放射相称であれば、環境に対し、どの方向にも同じように対応できる。これは防御に対しても言えることである。ゆっくりとしか動けない動物にとって、捕食者に対する守りは死活問題。捕食者はあらゆる方向から襲ってくる可能性があり、それらすべてに同じように対処できる放射相称形は良い。函館の五稜郭はそこを考えて造ったものだろう。

細長い左右相称形の動物は、体の側面で水を押して泳ぐ。より効率的に泳ぐために細長くなれば、それだけ大きな側面をもつということを意味する。つまり細長いと外界に接する面積が大きく、それだけ敵に攻撃される面積も大きくなる。それに対し、とくにウニのように球形のものは、体積あたりの表面積が最小の形であり、攻撃にさらされる面がそもそも少ない。

また、細長い動物には前後があり、必ず頭を前にして進む。だから敵が前から来たら、体を反転してから逃げ出さねばならない。ところがヒトデもウニも方向転換の必要がない。前にする部分が決まっておらず、体のどの部分でも前にして進めるからである。

②**餌の獲得**　放射相称形ですべての方向の環境に同じように向き合えることは、餌を集める上でも都合がいい。棘皮動物の場合、餌があるという情報を匂いで感知しており、感知するのは管足である。管足は体のどの方向にも備わっている。そして餌の存在を感じてそちらに向かおうと思ったら、体を回転させることなく、その方向に進んでいける。いや、「思う」必要もないのかもしれない。匂いを感じる管足そのものが歩くための器官でもあり、それがその方向に「反射的に」動けば、残りの管足もそれに引っ張られて自動的に同じ方向に動いて体を進めていく（一六六ページ、コラム）。

ウニは海底に生えている藻類を食べる。ヒトデは海底にいる貝をこじ開けて食べる。ヒトデの中には、他のヒトデやサンゴを捕食したり、海底の表面を覆っているバイオフィルム（八七ページ）をなめとって食べるものもいる。どの餌であれ、みなあたり一面にあって逃げていかないか、逃げてもごくゆっくり。だから全速力で餌を追いかける必要はなく、広い範囲の餌をゆっくり「刈り取っていく」食べ方をしている。

ここで今はやりのロボット掃除機を思い起こしてほしい。大多数のものは円盤形（つまり放射相称）である。あらかじめ方向を定めずに、広い面積をまんべんなくカバーするにはどの方向にも同様に行ける放射相称形が良いからである。ウニとロボット掃除機とは、この点、同じだと言っていい。広い部屋を掃除する業務用の掃除機もドラム缶形でやはり放射相称なのは、これと同じ理由から。それに対して家庭用のふつうの掃除機は細長く、方向性があるが、これは人間が方向を定めて引っ張るからで、また家具の間の狭い隙間をすり抜けるには細長くする必要があるからである。

以上のことから、動き回る自由生活の棘皮動物においても、放射相称形でさしつかえないと思われる。もちろん放射相称形なら何でもよいのだが、あえて先祖伝来の体を変える理由もないのだから、ウニもヒトデも、今もって五放射相称形を保っているのだろう。

†コラム　球形のウニはどこを前にして歩くのか？

ウニ（正形類）は、上から見ればほぼ円形であり、円の中心に肛門がある。中心から五放射に歩帯がのびており、どの方向にもまったく同じに体ができているように見える。ところがじつは肛門の脇に一ヵ所、水管系に水が出入りする孔があり、このため、完全な五放射相称形ではなくなっている。そこで、この孔を基準にして五本の歩帯に番号をふって区別することができる。歩帯に区別がつけば、ウニはどれか特定の歩帯を前にして歩くのか（つまり体に方向性があるのか）、それともどの歩帯も同じ確率で前になり、方向性がまったくないのかを調べることができる。

正形類のウニには方向性がなく、どちらの方向にも平等に歩いて行く。それに対し、不正形類のウニには体に前後軸があり、肛門が後端に位置しているが、進む方向は、必ず肛門と逆の方向である。以上のことは昔から知られていた。

正形類のウニの中にも、上から見て円形ではなく少々体が長くのびて楕円形になったウニが少数いる（肛門の位置は殻の頂上中央であることは、ふつうの正形類と違いはない）。ナガウニやパイプウニである。こんなウニの方向性はどうなっているのだろう。一般の左右相称で細長い動物同様、長軸方向に進むのだろうか。

ナガウニを使って調べてみた。広い場所で自由に歩かせると、どの方向にも平等に歩き、細長い一端を必ず前にするということはない。ところが水槽の壁に沿って歩く際には、楕円の長軸を壁に平行に沿わせて歩く。また、壁ぎわで休んでいる時にも、細長い面を壁につけている。長軸を壁に沿わせれば、壁によって守られている体の面積がより広くなるので、この長軸を壁に沿わせる行動は、安全を確保するものだと解釈できる。

ふつうの細長い動物が長軸方向に進むのは、進む際に受ける水の抵抗が少なくなって楽に速く進めるからなのだが、ごくゆっくりと進むウニにとって、水の抵抗は問題にならない。だから壁のない広い場所で歩く時には、長軸とは無関係に、どの方向にも同じように進むのだろう。

真ん丸な正形類でも、方向性の見られる場合がある。これにも壁が関わっている。バフンウニは水槽の壁のところで休んでいることが多い。これをつかまえて水槽の中央に置いて放すと、壁に接していた部分を前にして歩く。接していた部分がどこかを「覚えて」いて、その方向に進むのである。三〇分たつと忘れるが、より短時間ならこの「記憶」は保たれている。

この行動にも意味があるだろう。岩壁から離れて餌を食べに出歩いてから、また戻るときに、岩に接していた部分を前にして歩いていけば、元の休んでいた壁にたどりつけるだろう。正確にまっすぐ進んで、またまっすぐ戻らなくても、殻を回転さえさせなければ、ある程度は左右にうろついても大丈夫。岩はそれなりの広さがあるから元いた岩にたどりつけ、あとは岩壁に沿っていけば、以前の隠れ家まで戻れるだろう。この行動にはウニの「記憶」がからんでくるが、棘皮動物のようにはっきりとした脳をもたない動物において（以下の項参照）、体のどこの部分で覚えているのかは、まったくの謎である。

ヒトデの進む方向

ヒトデの場合も水管系の開口部を基準にして腕に番号をふることができる。ヒトデは歩く際、一本の腕を先頭にして歩くことも、一本の腕を真後ろにして歩く（つまり、二本の腕が前になり、その二本の中央の線の方向に進む）こともある。前になる腕を先導腕、後ろになる腕を追随腕と呼ぶ。さまざまなヒトデを使って実験されてきたが、特定の腕が先導腕や追随腕になりやすいという報告は、あまりない。

先導腕が決まっていないとすると、たまたまどれかの腕が先導腕になったら、残りの腕は追随腕としてふるまうように、腕どうしで連絡がとれていなければならない。先導腕では、管足は腕の根元の方向へと基盤をけるし、追随腕では先端方向にけるのだから、管足の動く方向が逆になる必要がある。

体全体の管足の動きを統合させる何物かがあるとすれば、最有力候補は神経系だろう。棘皮動物はすべて、口を環状にとりまく環状神経（神経環）をもち、そこから腕ごとに放射神経がのびている。これがもっともめだつ神経で、棘皮動物の中枢神経系ではないかと、かつては思われていた。とくに環状神経は、放射神経どうしをつないでいる神経だから、情報の統合をする脳に対応するものかもしれないと考えられていたのである。

これに関連し、ヒトデの一種であるモミジガイでは面白い実験結果が知られている。このヒトデの腕を一本、根元から切り放す。その際、放射神経と環状神経との接合部を含めて腕を切り取り、この切り取った腕を歩かせると、腕の先を前にして歩く、つまり先導腕になる。ところが接合部を含めない場合は、追随腕になるのである。この結果は、環状神経という「脳」の部分が、腕の方向を決めると思わせるものであった。

ところがその後の研究では、同様の結果にならないケースも見られた。また、環状神経は形態学的に見て、脳のような統合作用をもつとは考えらないことも分かってきた。今のところ、モミジガイのこの興味ある実験結果を、どう解釈すべきかは分からないところである。

近年優勢なのは、管足間の単純な力学的なカップリングで協調が起こっているとする説である。棘皮動物の歩行には多数の管足の協調した動きが必要になるが、それは必ずしも神経を介さなくてもよい。つまり、ある管足が一定の方向に歩き出すと、体がその方向に引っ張られるから、他の管足も「無理矢理」そっちへ引っ張られ、足の動く方向がそろい、その方向にすべての管足が動き出すことになるだろう。こう考えれば、特別な仕掛けがなくても協調できることになる。

本章ではなぜ棘皮動物は五なのかを考えた。どの仮説においても三や五という奇数が偶数よりも良いという結論になる。

ただし棘皮動物にも例外的だが偶数のものがいる。ヤツデヒトデは腕が八本、ニシキクモヒトデの腕は六本。これらは無性生殖の際、体をまっぷたつに割って二匹になる。割り切りたい時には、棘皮動物といえども偶数になるわけだ。

奇数とは奇妙な数という意味で、英語の odd number もまったく同じ。これは私たちが、偶数がふつうだと思っていることの反映だろう。棘皮動物が命名したなら、こんな失礼な名にはしないはずだ。数の呼び方という、価値とは無縁に見えるものにも、それとは気付かずに私たちは価値判断を持ち込んでいる。価値観も自身の体のつくりと無縁ではない。

棘皮のTake Five

なんてこった　なんてこった
なんてこった　なんてこった
なんで五だ　なんで五だ
腕五本　アオヒトデ

なんてこった　なんてこった
なんてこった　なんてこった
なんで五だ　なんで五だ
歯が五枚　ウニの口

なんで五だ　なんで五だ
なんで五の　倍数だ
樹《き》や指や　羽や楯
ナマコたち　もつ触手

口ぐるり　とりまいた
中央の　環《リング》から
五放射に　のびている
水管も　神経も

ウミユリに　ウニ　ヒトデ
クモヒトデ　ナマコたち
生きている　棘皮たち
綱の数　数五つ

第5章　ナマコ天国——棘皮動物門II

前章では棘皮動物のユニークな特徴のうち、五放射相称形について考えた。本章では前章の表（一四八ページ）の残り四つ、②管足、③皮膚内骨片、④キャッチ結合組織、⑤低エネルギー消費について順に見ていくことにする。

1　管　足（棘皮動物の特徴二）

棘皮動物のユニークな体のつくりと行動には、管足が体の表面に広く分布していることが大きく寄与している。

管足は体表から多数突き出た細い透明な管で、中に水が詰まっている。太さは〇・一～数ミリ程度。軟らかく、伸縮可能。しなやかに曲がることもでき、これを使って歩き、また餌をとる。

管足の根元側の端は殻の内側に入っており、ふくらんで袋状の瓶嚢《びんのう》になっている。これが

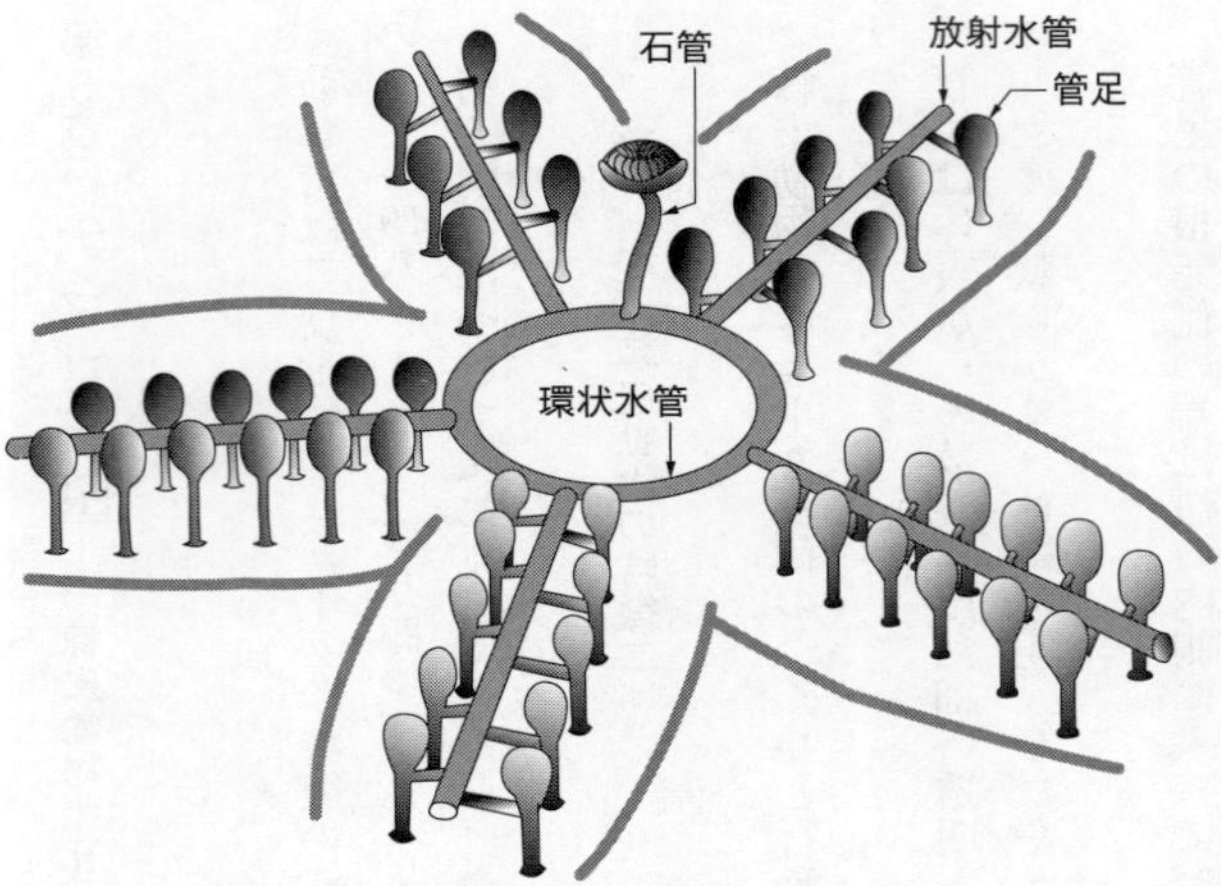

5－1　ヒトデの水管系

水を蓄えておく嚢《ふくろ》。管足は殻の骨片にある小さな孔から体外へとのび出ている。瓶嚢が縮むと中の水が管足の先へと押し出され、水圧により管足がのびる。管足の壁には、結合組織がリング状に配列して、ちょうど提灯《ちょうちん》の「たが」がはまった形になっているので、折りたたまれていた管足は、提灯がのびるように、太さが変わらずのびていく。のびると数センチ。最長で二〇センチメートルにもなるものもあるが、それでも縮めば二ミリ。縮む時には、管足の壁の長軸方向に走っている筋肉を使う。縮めば中の水は瓶嚢へと戻り、瓶嚢がふくらむ。

つまり、管足は水のつまったゴム風船のようなもの。これで岩の上を歩き、流れの中にのばし続けるのだから、傷ついて中の水が漏れ出すこともあるだろう。また、管足が急に強く収縮した際には、内部の水圧が異常に高まり、管足の壁を通して水がしみ出てしまうこともある。水が減れば管足はしぼんで働けない。そうはならぬよう、水を補給するシステムがある。これが水管系である。これは体外の海水と管足との間を、石管—環状水管—放射水管という経路によってつなぐ給水システムである（図）。

外界からの水の取り入れ口は、肛門のすぐ脇、反口面の中央付近にある。取り入れ口には開閉式の扉があり、ここから石管（壁が石灰を含んでいる管）が口側へとのびて、環状水管（水管環）に接続している。これは口のまわりをぐるりと取り巻いているリング状の管で、このリングから放射状に、五本の水管が各腕の中へとのびている。これが放射水管で、腕の歩帯の部分を、腕の先端まで走っている。放射水管は短い枝状の管を多数、左右に分岐させ、分枝の先に管足が接続している。接続部位には弁があり、管足や瓶嚢が収縮しても、中の水が放射水管へ逆流しないようになっている。以上はヒトデを例にとって述べたものであり、瓶嚢の有無や石管の詳細など、分類群ごとにかなりの違いがある。

管足の役割

管足は、摂食、歩行、呼吸、排泄、感覚と、さまざまな用途に使用される。もともとの役割は餌を捕まえる手としての働きだったが、棘皮動物が固着生活から自由生活に移行するにあたって、足としても使われるようになった。水中の動物にとって、足は歩行だけではなく接着という機能も合わせもつ必要がある（八八ページ）。管足の先端は吸盤になっているものも多く、このタイプの管足をもつヒトデ・ウニ・ナマコは、強く海底の基盤に接着する。

吸盤がどれほど強く接着できるかは、ウニやヒトデを岩から引き剥がそうとしてみればわかる。つかんで剝がそうとしてもダメ。触れるとさらにしっかりと基盤に貼り付き、無理矢理ひっぱると、管足が途中から引きちぎれてしまう。管足の強度より吸盤の接着力が強いのである。動物を岩から剝がすには、そっと横から近づき、体と基盤の間に薄いへらのようなものを一気に差し込むとよい（上から近づくと影が落ち、これを動物が感じて強く貼り付いてしまうのでダメ）。

吸盤の大きな接着力には、吸いつく力（吸盤の内部を真空にすることによる物理的な力）に加え、糊も寄与している。ヒトデの吸盤には二種類の分泌細胞があり、強く接着する際には、その一つから糊を出して貼り付く。自分で移動したくなった時にはもう一つの細胞から「糊はがし液」を分泌する。

われわれの手足には、触覚や温度感覚などの感覚機能が備わっている。おかげで触って安全か、踏みしめても大丈夫かがわかるのだが、管足も同様で、触覚、光感覚、味覚（アミノ酸などを感じる）の感覚がある。感覚機能専門に特化した管足もあるようで、たとえばウニの口のまわりにある管足は、先端に多くの神経細胞をもち、もっぱら味覚の感覚器として働き、歩行にも接着にも関わってはいないようだ。

たくさんの管足が体表面から外界へとのび出ており、管足全体ではものすごく広い面積で外界と接することになる。その広い面積を使って、管足は外界から酸素を体内にとり入れたり、排泄物を排出する役目もはたすことができる。管足の壁はごく薄く、その壁を通してガス交換や排出をする。呼吸専用の管足をもつものもいる。

2　皮膚内骨片（棘皮動物の特徴三）

骨といえば、ゴロッとした塊をイメージするだろう。サンゴの骨格も貝殻もわれわれの骨もしかり。ところが棘皮動物の骨格は、小さくて薄い骨片が、多数、結合組織のひも（靭帯）でつづり合わされてできたもの。だから台所用の漂白剤を使ってひもを溶かせば小さな「破片」へとばらばらになってしまう。

一個の骨片は炭酸カルシウムの巨大な単結晶である。ふつう結晶といえば幾何学的に端正な形をしたものをイメージするが、骨片の形はじつにさまざまで、ととのった形をしていな

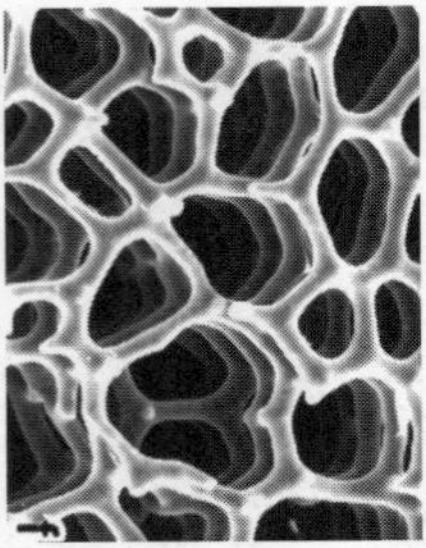

5-2　ステレオム　ウミユリ（トリノアシ）の腕骨片。孔の大きさは約20μm

いことも多い。そして奇妙なことに、骨片はスポンジのように、中心部まで穴だらけなのである（写真）。この穴だらけの構造をステレオム構造と呼ぶ。穴の中には骨片をつくる細胞などが入っている。また、骨片どうしをつづり合わせているひもの端も、この穴と穴の間の柱に巻きついて固定されている。ステレオム構造の穴の並び方や密度はさまざまだが、そこにどういった力が加わるかという力学的な条件と、ある程度の関係が見られるようだ。こんな奇妙な穴だらけの骨は、他の動物ではみられない。

この小さくて穴だらけという骨片の特徴も、それらの骨片をひもでつづり合わせてできているという骨格系の特徴も、どちらも殻を割れにくくする上で役に立っている。棘皮動物の骨格系は、壊れにくくするさまざまな工夫がほどこされているのであり、それをこれから一つずつ見ていくことにしよう。

①穴を含む骨片は割れにくい　こう書くと、ちょっと不思議に思うかもしれない。カルメ焼きや泡立てて固めた飴《あめ》は、かめばサクッと簡単につぶせるからだ。しかし、それは穴と穴との間の柱があまりにも細いから。適度な数の穴の存在は、骨を壊れにくくする上で悪くないのである。

理由は、穴により亀裂が伝播《でんぱ》しにくくなるからだ。骨のように非常に硬い材料は、いったん傷がつくと割れやすいものである。とくに引っ張りの力に弱い。硬い材料に傷（亀裂）が入っている場合、引っ張られると、亀裂の先端部に力が集中して傷口を大きくするように働いてしまう。すると裂け目がどんどん先へとのびていき（亀裂が伝播していき）、全体が二つに壊れやすいのである。ところが途中に穴があると、亀裂は穴で止まり、それ以上は伝わらない。亀裂の先端が穴と一体化すると、力の集中が起こらず、亀裂が先に進めなくなるからだ。

この穴にはさらに別の役目もある。穴の中には骨をつくる細胞が入っている。この細胞は骨にできた傷も直すことができるから、たとえ傷がついてもすぐに修復されてしまい、破壊の元となる亀裂そのものをなくすことができる。このように壊れにくくする工夫と壊れても直す機構とを兼ね備えているのがステレオム構造なのである。

②小さい骨片でできた骨格系は壊れにくい　以上のように、一つひとつの骨片がステレオム構造によって壊れにくくなっているのだが、骨片が集まってできた骨格系全体にも、壊れにくくする工夫がある。

骨片は小さい。そのためたとえ一つの骨片に傷が入ってそれが壊れたとしても、被害はそれだけ。個々の骨片が独立しているため、亀裂が他へと伝わらない。骨のような硬くて亀裂の伝わりやすいものは、あらかじめ小さな要素に分けておくと壊れにくくなるのである。

③骨をひもでつづり合わせた構造は壊れにくい　もちろん小分けのままではばらばらになってしまう。押しつぶす力（圧縮力）が加わった場合には、骨どうしが押されて密着するからばらばらにはならないが、引っ張られるとばらけてしまうのである。そこで糊やパテで貼り合わせたり（たとえばレンガをモルタルで貼って積んでいくように）、全体を軟らかいゲルやプラスチックに埋めたり、棘皮動物の骨格系のようにひもで結んでつづり合わせたりする。ただし貼ったり軟らかい材料に埋めるやり方は、強く引っ張られれば接着面で剝がれたり、埋めるのに使っている軟らかい材料がちぎれたりするから、引っ張る力に対してはそれほど強くない。ところがひもでつづった場合には、ひもがぴんと張って引っ張り力に抵抗する。また、たとえ硬い骨の部分に短い亀裂が入っていて、引っ張りによってまわりに伝わっていっても、しなやかなひものところで亀裂の伝播は止まり、全体が破壊されることはない。だから棘皮動物の骨格系のように骨という硬い要素をひもでつづり合わせた構造は、引っ張りにも圧縮にも強い構造なのである。

④ひもにみられる工夫　じつはひも自身にも、②で述べた、要素は小さく分けた方が壊れにくいという原理が用いられている。ひもは太い一本の糸ではなく、何本もの細い糸が束になったもの。糸はコラーゲンというタンパク質からできている。コラーゲン分子は三本のペプ

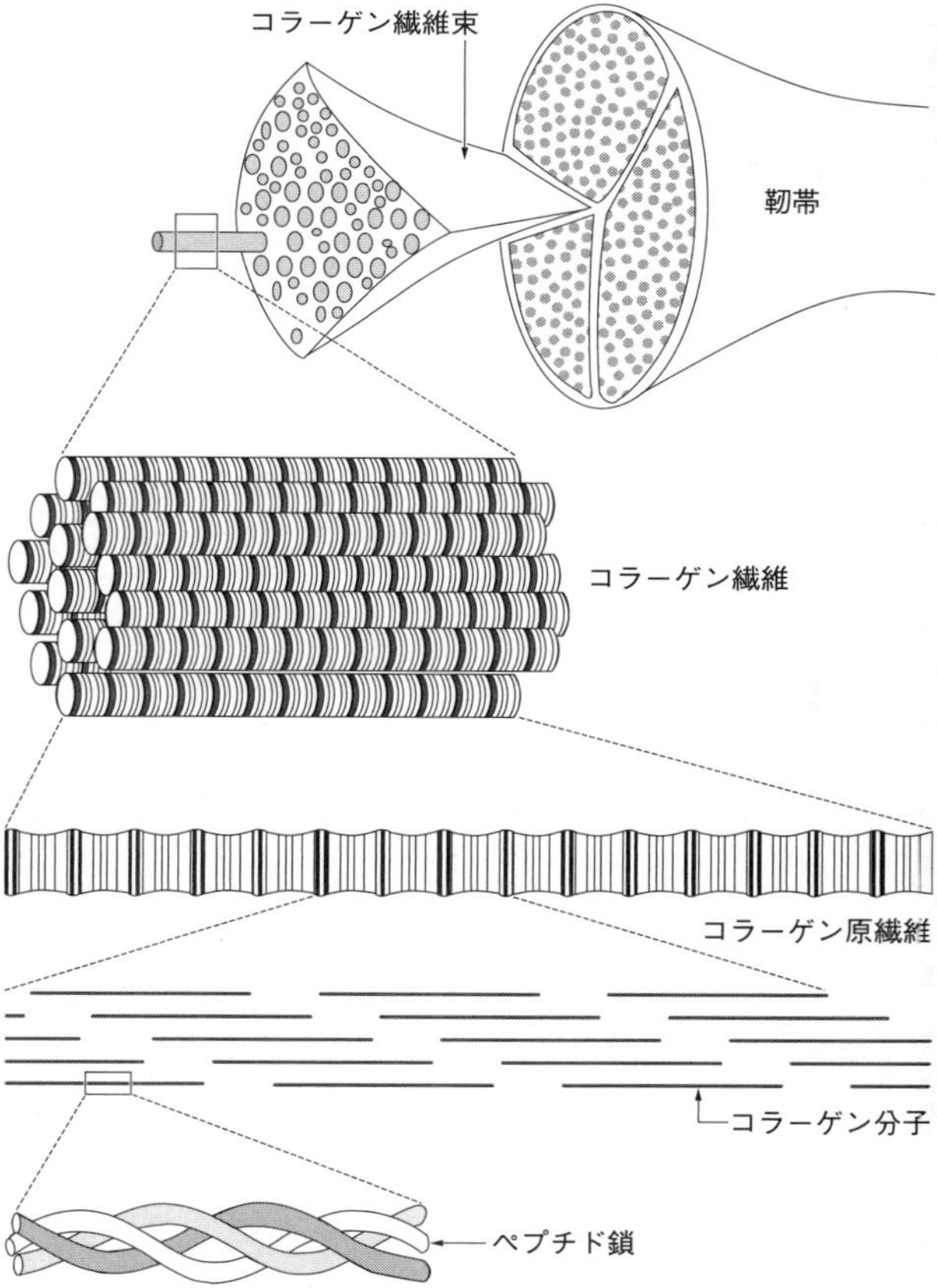

5－3　コラーゲン繊維の階層構造

チド鎖が縒《よ》り合わさってできている糸であり、この糸が平行に並んでコラーゲンの原繊維となる。コラーゲン原繊維がさらに平行に並んでコラーゲン繊維となり、コラーゲン繊維がまた集まって束となり、その束が集まって骨片どうしをつないでいるひもとなる（図5―3）。ひもの中にひもの束、さらにその中にひもの束と、何段階にもわたって細くなっていく、ひもの入れ子状態。こういう入れ子構造をとると切れにくい。太くて傷のないひもは引っ張る力には強いが、傷が入っていると、大きな力で引っ張られれば亀裂が伝わって切れてしまう。ところが同じ太さでも、細いひもを束ねて太くしたものでは、たとえ細いひもに傷がついても、切れるのはそれ一本のみで、まわりに亀裂が伝わらず、全体の太いひもまで切れることはない。「小分けにすれば亀裂が伝わらずに全体が壊れることを防げて強い」という原理がここでも見られている。

コラーゲン繊維は、グリコサミノグリカン（ムコ多糖類）でできた、より軟らかいゲルの中に埋め込まれている（二〇二ページの図を参照）。こうすると、ひもの束はばらばらにならず、またゲルによりある程度の圧縮力にも耐えられる。ひもの間に軟らかいゲルが存在するから、そこで亀裂の伝播を防ぐこともできる。

棘皮動物の場合、以上の壊れにくくする工夫に加えて、ひもが特別な性質を示す。硬さが瞬時に変わるのである。外から加わってきた力に、ひも自身が積極的に反応して硬くなり、壊れにくくする。こんな変幻自在の対応ができるのが、棘皮動物の骨格系なのである。

†コラム　外骨格的内骨格

表皮細胞の外側にある骨格を外骨格、表皮細胞よりも内側にある骨格を内骨格と、本書では呼んできた。これが棘皮動物研究者の採用する定義である。ところが脊椎動物の研究者は、骨格を皮膚骨格と内骨格とに分け、体の中心部にある骨格を内骨格、皮膚がつくる骨格を皮膚骨格とする。そして、皮膚は体の一番外側の部分にあるので、皮膚骨格を外骨格と呼ぶこともある。

ここで混乱が生じてくる。一方の定義では外骨格でも、他方の定義では内骨格になる例が出てきてしまうのである。棘皮動物の骨格が、まさにそれに当たる。

皮膚（表皮）の細胞がつくり出す骨格（つまり皮膚骨格）には、脊椎動物ではうろこ、こうら、頭蓋骨があり、軟体動物の貝殻も節足動物の骨格も、そして棘皮動物の骨格もこれに入る。皮膚骨格＝外骨格という定義によると、これらはすべて外骨格なのだが、「表皮細胞より、もっと体の内側にあるもの＝内骨格」とすると、棘皮動物の骨格は内骨格になる。

表皮細胞よりも体の内側にあるか外側にあるかと、皮膚がつくる骨格かどうかとでは視点が異なり、「皮膚骨格＝外骨格」と不用意に呼ばない方が、混乱がおきなくていい。そこで本書では、表皮細胞の位置を基準にとり、それより体の内側にあるか、外側にあるかという空間的位置で内骨格・外骨格を区別する定義を採用している。

棘皮動物の骨格系は表皮細胞より内側にあるので内骨格。ただし皮膚を構成している真皮中にあり、皮膚は体の表面を覆っているものだから、骨格系も体の表面を覆っているとも言え、その点では外骨格的である。そこで棘皮動物の骨格系を「外骨格的内骨格」と私は呼んでいる。

殻と成長の問題

棘皮動物は堅固な殻で体を包んでおり、なおかつ棘を殻の上に生やしている。ウニの棘は顕著だが、短い棘なら、ナマコ以外の棘皮動物は、みなもっている。だからきわめて安全。しかしここで思いだしてほしいのは、硬い殻ですっぽり体を覆った貝や昆虫は、成長で苦労していたこと。棘皮動物の場合はどうなのだろうか。

棘皮動物が昆虫や貝と異なるのは、内骨格だというところ。骨格が生きた細胞群によって包まれ、ステレオム構造のおかげで骨の中にまで細胞が入っている。そのため、それらの細胞の働きにより、骨を自由に大きくもできるし壊して小さくもできる。そして、骨片をつないでいるひもが硬さを変えることができ、軟らかくして引きのばしたり切ったりすることが自由にできる。だから体の成長に合わせて殻も成長させられ、昆虫や貝のような問題はまったくない。

ではこの硬さを自由に変えられるひも（キャッチ結合組織）について、次に見ていくことにしよう。これは棘皮動物だけに存在する大変ユニークな結合組織である（結合組織に関しては次節のコラム参照）。

3　キャッチ結合組織（棘皮動物の特徴四）

キャッチ結合組織の働きを理解するには、まず自分の手を高く挙げてみればいい。腕と肩の筋肉を縮めて手を挙げる。そのまま保っていると疲れてきて、そう長く挙げてはいられないだろう。たとえ手を動かしていなくても、姿勢を保っている間、筋肉はずっと収縮しており、長く縮めていると筋肉に乳酸がたまって疲れてしまうからである。では仮に、腕を挙げ、そこで腕や胸の皮膚をバリッと硬くできたとしたらどうだろうか。皮膚が硬くなれば腕は挙げた姿勢で固定されるから、筋肉をゆるめても腕は挙がったまま。この「思考実験」から、皮膚の硬さを変えることで、腕の姿勢を保てそうなことが分かる。腕を下げたくなったら皮膚を軟らかくすればいい。

じつはこの方式をとっているのが棘皮動物なのである。皮膚や靭帯（すなわち結合組織）の硬さがすみやかに変わって姿勢を維持する。棘皮動物のもつこのきわめてユニークな結合組織を、私は「キャッチ結合組織」と呼んでいる。キャッチという言葉には聞き覚えがあるだろう。そう、貝のキャッチ筋（一二三ページ）。貝殻が閉じた姿勢を、疲れ知らずに維持し続ける特別な筋肉だった。棘皮動物の皮膚や靭帯もそれと似た働きをするのだが、筋肉ではなく結合組織だから、キャッチ結合組織なのである。

---

†コラム　結合組織

結合組織という言葉を説明しておこう。体は多数の細胞からできている。細胞間には分業がみられ、同じような働きをする細胞は寄り集まって組織を形成している。動物の組織には大きく分けて四種類、上皮組織、結合組織、筋肉組織、神経組織がある。上皮組織は上皮細胞がずらりと並んで表面を覆うもの。体の表面のみならず内部器官の表面も覆う。体の表面を覆う場合を、とくに表皮と呼ぶ。筋肉組織や神経組織は、それぞれ筋細胞や神経細胞の集まり。

では結合組織は「結合細胞」の集まりかというと、そんな細胞はない。結合とは、他の組織の間にあって組織どうしを結合しているから結合組織なのである。たとえば表皮（体表の上皮組織）と、その内側にある筋肉組織を結合しているのが、真皮という結合組織（皮膚とは表皮と真皮とを合わせた呼び名）。他の例としては、腱《けん》（筋肉と骨とをつなぐひも）、靭帯（骨と骨とをつなぐひも）、軟骨、等々。

ふつうの組織は、細胞がぎっしりと詰まっているが、結合組織内部では、細胞と細胞の間が広くあいており、その間を、細胞が分泌した細胞外基質（細胞外マトリックス）が埋めている。細胞外基質の間に細胞がちらほらあるのが結合組織なのである。細胞外基質のおもな成分はタンパク質と、グリコサミノグリカンと呼ばれる高分子の多糖類である。タンパク質としてはコラーゲンやエラスチンなどの繊維状のもの。グリコサミノグリカンとしてはヒアルロン酸やコンドロイチン硫酸などの高分子があげられる。これらのカタカナ言葉、お肌にいいという化粧品や関節に効くという薬のコマーシャルで耳にするのではないだろうか。皮膚や関節軟骨の主要成分がこれらの分子である。

グリコサミノグリカン分子のほとんどのものは、マイナスの電荷をもっており、その電荷の周りに水を引きつける。水をまとうと分子はのび広がり、大量の水を含むゲル（ハイドロゲル）の状態になる。これは水を吸った紙おむつと同じ状態である（紙おむつの高吸水性ポリマーもやはりマイナス電荷をもつ高分子）。紙おむつは押すとぷよぷよするが、結合組織のゲルも弾力性をもつ。軟骨はこのようなゲルが大半を占めており、これが骨と骨とを滑りやすくするとともにクッションの役目もはたしている。

以上は軟骨の例だが、同じく結合組織である真皮や靭帯では、このゲル中にかなりの量のコラーゲン繊維が加わる（軟骨にもコラーゲンは含まれている）。コラーゲン繊維は強靭で、真皮ではこれが三次元的に織り合わされ厚みのあるシートになって体を覆い、靭帯や腱では一方向に並んでひもとなり、筋肉の引っ張りやさまざまな荷重に抗して体を支える。

真皮や靭帯は、グリコサミノグリカンのゲルという軟らかい基質の中にコラーゲンの硬い繊維が埋まっており、これは繊維強化複合材料とみなすことができる。身近に見られる繊維強化複合材料には、ＦＲＰ（繊維強化プラスチック）がある。比較的軟らかいプラスチック製の基質中に、ガラス繊維や炭素繊維という硬い極細の繊維を多数埋め込んだもので、基質が圧縮に、繊維が引っ張りの力に抵抗する。細い繊維と繊維の間に軟らかい基質が入っているため、繊維から繊維へと亀裂の伝わることを防ぐことができ、軽くて強靭な材料となり、小形ボートなどに多用されている。

脊椎動物の場合、骨にも多量のコラーゲン繊維が含まれており、骨も繊維強化複合材料とみなせる。

骨はいわば鉄筋コンクリートで、鉄筋にあたるのがコラーゲン繊維、コンクリートがリン酸カルシウムである。

コラーゲンは動物において、体を構成するタンパク質の中で最も量の多いもので、たとえばヒトの場合、全タンパク質の三分の一をも占めている。

ウニの棘

キャッチ結合組織が、実際どのように使われているかを見てみよう。

まずウニ、海栗とも書く。とがった棘だらけの殻はまさに栗のいがそっくり。ただしウニの棘と栗の棘とでは少々異なる点もある。栗の棘は立ったまま。ところがウニの棘は、殻との間が関節になっていて動く。ウニの殻には小さな疣状のふくらみがあり（一三六ページの写真）、棘はこの上にのっている（図）。棘の根元と疣の間が関節になっていて、関節部には筋肉がある。筋肉の上端は棘の根元に、下端は疣の根元の殻に付着しており、筋肉が縮めば、棘はその方向に倒れる。筋肉は棘の根元をぐるりと取り囲んで配置されているから、ウニは棘を三六〇度どの方向へも倒すことが可能である。倒せる範囲も広い。垂直に立った状態から完全に倒れて棘が殻についてしまうまで、任意の角度で倒せる。

筋肉の層は棘の根元を円錐状に取り巻いて棘と殻とをつないでいるが、じつは筋肉層のさらに内側に、もう一つ円錐状に関節を取り巻いて棘と殻とをつないでいる組織がある。これがキャッチ靭帯である。これはキャッチ結合組織の一種であり、これを硬くすることにより、棘がどんな角度で傾いていても、その角度で不動の状態に棘を固定することができる。こうなると指で棘を押してもびくともしない。力まかせに動かそうとすると靭帯がちぎれてしまう。

ウニは、昼間は岩穴に入って隠れていることが多いが、その時には穴の入り口に向けて棘を集めて槍《やり》ぶすまをつくり、残りの棘を岩壁に突っ張るように広げて体を固定する。こうすると穴の外から攻撃されにくく、また、たとえ魚が棘をくわえて引っ張り出そうとしても、棘を岩壁に突っ張って踏ん張れるし、踏ん張りが効かなくなっても、棘を広げているかぎり狭い穴の入り口に引っかかって通らないので、引きずり出される心配がない。この槍ぶすまや突っ張った姿勢をずっと保っているのがキャッチ靭帯である。夜になってウニが食事をしに出かける時には、キャッチ靭帯を軟らかくして突っ張りを解除し、棘を倒

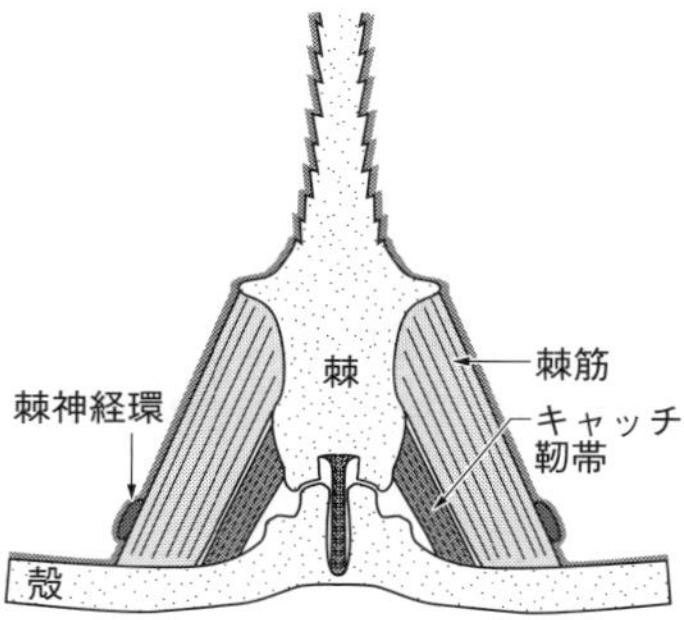

５－４　**ウニ棘の関節**　ガンガゼの関節部を中央で縦断面にしたもの。神経環から棘筋とキャッチ靭帯に神経が入り込んでいる

して狭い穴の入り口をすり抜けていく。

筋肉とキャッチ靭帯の協働作業

一本の棘にさわると、その棘は突っ立って敵襲に備える。棘のキャッチ靭帯が硬くなり、立った姿勢を支えているのである。さわられた棘だけではない。まわりの棘も反応する。まわりのものは、さわられた棘の方向に倒れて、その付近の表面を覆って守る。この時、倒れる棘のキャッチ靭帯はいったん軟らかくなり、筋肉が棘を倒す運動の妨げにならないようにしている。筋肉の収縮とキャッチ靭帯の硬さ変化とは協調しており、その協調は神経により制御されている。

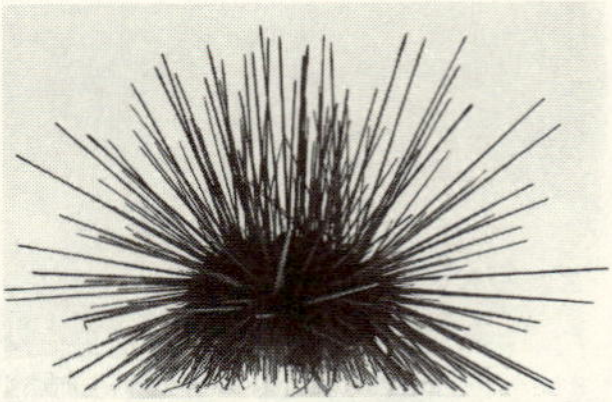

5-5　ガンガゼ　真横から見た写真

神経制御が非常にはっきりと分かる例がある。ガンガゼの陰影反射である。ガンガゼはサンゴ礁をはじめ暖かい海にたくさんいる真っ黒なウニで、細くて非常に長い棘を林立させて身を守っており、棘は刺さるときわめていたい。

ガンガゼは体の上に影が落ちると、棘を激しく振り動かす。これは捕食魚に対する反応である。ガンガゼは棘のおかげでかなり安全ではあるのだが、やはり敵はいる。ガンガゼの弱点は、口側の面。ここは長く尖った棘で覆われていない。ムラサメモンガラなど大形の魚は、ガンガゼの棘の先をくわえ、上方に泳いでいってから放す。ガンガゼは落ちていって着地するのだが、運悪く口の面が上になると、すかさず魚は口の周りにかみついて殻を割り、中身を食べる。それを防ぐためにガンガゼは棘を素早く振り動かす。こうするとくわえられにくくなるのである。上から魚が襲ってくる時には、まず魚影が殻の上に落ちるから、その影を感じて棘を振り動かす。これが陰影反射で、放射神経を介する反射である。

陰影反射の時には、キャッチ靭帯は軟らかくなる。実験的に放射神経に電気刺激を与えると、陰影反射同様の棘を振る運動が起こり、同時にキャッチ靭帯も軟らかくなる。神経の支配を受けて適切に硬さの変化するところが、キャッチ結合組織の大きな特徴である。

ウニの殻

ウニの殻は、われわれの頭蓋骨そっくりのつくりである。似ている点は、①薄い骨製の「タイル」を敷き並べて球形の中身を覆って守ること、②隣り合ったタイルの接合面はぎざぎざの縫合線になっていて、指がかみあうようにしっかりと組み合っていること、③縫合線の部分で、結合組織のひもによりタイルどうしが結びつけられて連結していること。

ウニが頭蓋骨と異なる点は、この結びつけているひもがキャッチ結合組織であり、硬さが変わるところである。ふだん、ひもは硬くて骨片どうしがしっかり結び合わされており微動だにしないが、殻が成長する際にはひもが軟らかくのびやすくなって連結部がゆるみ、骨片間に隙間をつくることが可能になる。そのスペースを利用して骨片を成長させたり新たに骨片を追加することにより、殻を成長させる。

ウニの殻は、成長時以外は硬くて変形しない。ただし普段でも殻の形を変えるウニがいる。ヤワラウニである。その名のとおり、殻が軟らかい。このウニの骨片はかみ合っておらず、ちょうど屋根瓦のように一部重なり合いながら殻を覆っている。骨片どうしはキャッチ結合組織と筋肉とによって結び合わされており、キャッチ結合組織が硬くなれば骨片どうしは強く結合して殻が硬くなる（ちょうど瓦が漆喰《しっくい》で固められた沖縄の伝統的家屋の屋根のように）。他方、キャッチ結合組織が軟らかくなれば、殻は変形可能となり、骨片間をつないでいる筋肉の収縮により、ウニは殻の形を、ある程度は変えることができる。

そこで、ヤワラウニを使ってこんな「実験」ができる。ビーカーに海水を一杯にはり、ビーカーの直径よりやや大きめのヤワラウニを、口がビーカーの中央にくるようにしてへりに載せておく。するとウニは殻をじわじわと下にふくらませつつ直径を小さくし、一〇分程度でビーカーの中へすとんと入ってしまう。

ヤワラウニは進化的に古いウニであり、ヤワラウニの殻のような、重なり合った骨片をキャッチ結合組織でつなげた殻は、棘皮動物の祖先以来の殻のつくりを踏襲したものである。

この基本形から、現在の多くのウニのもつ、骨片どうしが縫合線をなしている、より強固に結合した殻が進化してきたと考えられている。

ヒトデの体壁

ヒトデの殻はヤワラウニ同様、骨片どうしがキャッチ結合組織と筋肉とでつなぎ合わされたもの。殻は真皮層に埋まっており、ヒトデによっては真皮層がかなり厚いものもいる。この真皮層もキャッチ結合組織である。殻の骨片どうしのつながり方は多様で、ヤワラウニのように瓦状に一部が重なり合ったり、敷石状にぴったりと並んで敷き詰められた骨片が、体表をすっぽりと覆っているものの他に、棒状や多角形の骨片の端どうしがつながって籠状の骨格をつくっているものもある。籠状のものでは、

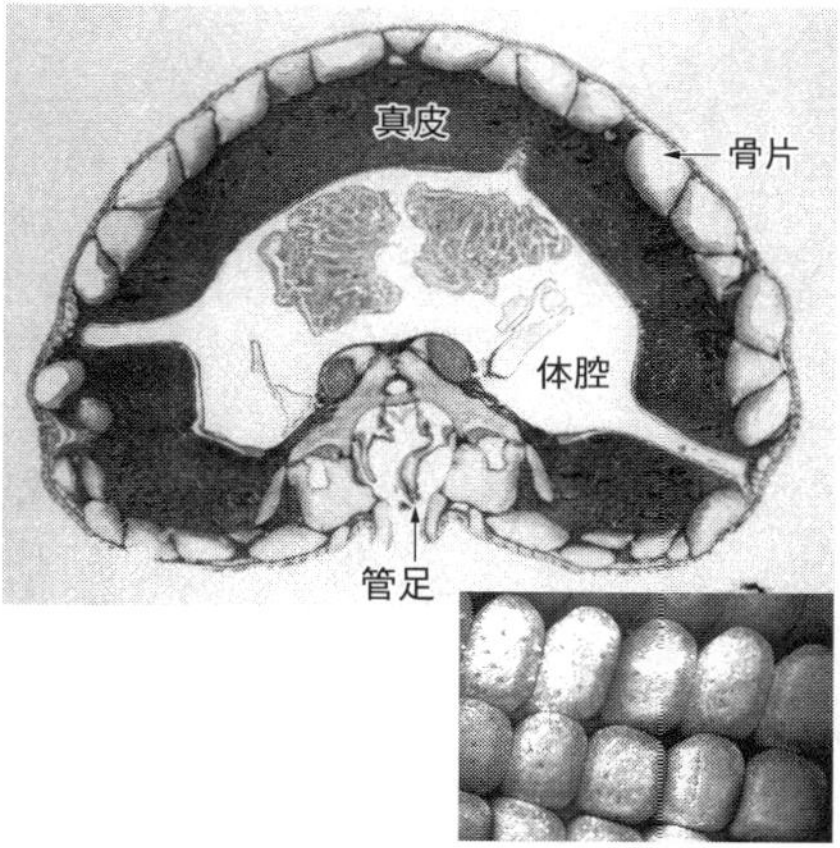

5－6　**敷石状の骨格系**（アオヒトデの腕）　腕の横断面。骨片が体表近くに隙間なく並んだ敷石状の骨格をなしており、その下には厚い結合組織の層がある。右下は軟体部を取り除いて骨格を表面からみたもの

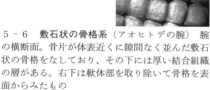

骨片の間、つまり籠の目の部分にかなりの隙間が生じていて、そこを真皮が埋めている。隙間の大きなヒトデほど、殻は柔軟で変形しやすい。

小さな骨片どうしが筋肉でつなげられた骨格をもっているということは、骨片のつなぎ目ごとに関節があることを意味している。つまり体が関節だらけということだ。おかげでヒトデは体をかなり自由に変形できる。

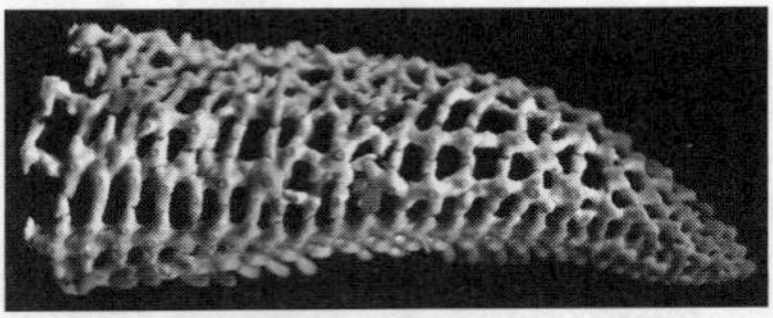

5－7　**網目状の骨格系**（マヒトデの仲間の腕）　軟体部を取り除いて真横から見たもの

これはちょっと意外かもしれない。生きているヒトデにさわった経験のある方は、ヒトデの体はとても硬く、変形などしそうにないと感じられただろう。それは、ヒトデがキャッチ結合組織を硬くして身を守る状態に入ったものなのである。

ヒトデがしなやかに変形するのを見たければ、ヒトデをひっくり返して置いておけばいい。逆さにされてしばらくすると、ヒトデは左右に伸ばした腕をひねって管足を基盤につけ、体を引っ張りあげるように身を起こしたり、一本の腕をスイングさせて後転をするようにクルンと回転したり、すべての腕を上げてちょうどチューリップの花のような形になってからコロンと横になったりして起き直る。ヒトデにより、起き上がり方に得意なパターンがあるが、体をびっくりするほどしなやかに曲げてひっくり返るのはいずれにおいても同じ。

ヒトデの体が大きく変形するのは、二枚貝を食べる際にも見られる。ヒトデは中央の盤を高くもちあげ（体を断面で見ればΩ形にし）、貝の上にまたがる。その形でキャッチ結合組織を硬化させ、体をきわめて硬くする。こうするのは、管足を収縮させて力ずくで殻を開けるために必要な、堅固な足場を用意するためである（体が軟らかいままなら、いくら管足を縮めても、自分の体の方が変形してしまい、貝に力が加わらない）。それから、管足を使って貝を、蝶番を下、殻の開口部を上になるようにする。つまりヒトデの口の真下に貝殻の開口部が来るように貝の位置を整える。そうした上で、多数の管足を貝殻に強く付着させ、それを縮めることにより殻をこじ開ける。

ヒトデの管足の壁にある結合組織もキャッチ結合組織のようで、こじ開けようと収縮させた状態で管足を固めてしまうらしい。管足の結合組織が硬くなれば、筋肉を休めても殻に力をかけ続けることができる。貝は貝で、その殻を閉じているキャッチ筋は疲れを知らない動物界最強の筋肉。ヒトデの方のキャッチ結合組織も、疲れることなく長時間こじ開ける姿勢を保つことができるから、攻防は長丁場になる。キャッチvs.キャッチ。何時間も、長いときには何日も闘いは続く。貝が疲れたか「油断」したかで殻がわずかに開くと、ヒトデはすかさず胃を反転させて口から吐き出し、殻の隙間から中へと胃を滑り込ませて消化液を分泌し、殻の中で貝を溶かしてそのまま吸収してしまう。

ヒトデの毒

キャッチ結合組織が硬くなればヒトデの殻は硬くなる。ただしウニと比べ、長い棘をもってはおらず、殻の骨片間に隙間のあるものも多いため、防御の上では今ひとつこころもとない。それでいて、貝をこじ開ける際には、その上に長時間またがり、物陰でもない場所にじっとたたずんでいる。そのためもあるのだろう、ヒトデは体に毒をもっている。サポニンという化合物の一種で、これには細胞膜を破壊する作用があり、とくに魚に対して強い毒として働く。サポニンは多くの植物に含まれていて、朝鮮人参の有効成分や痰《たん》を切る薬の成分もサポニン。植物に特有のものだと思われていたが、ヒトデやナマコにも存在していることが、おもに日本人の研究から明らかになった。

ナマコの体壁

図はナマコの横断面である。ちょうど竹輪のようで真ん中が抜けて見えるが、穴の部分は体液の詰まった体腔。中に腸や生殖巣が浮いている（写真では取り除いてある）。竹輪の身の部分が分厚い皮、すなわち真皮層であり、ここがキャッチ結合組織の部分。ヒトデの断面

（図5-6）と見比べれば歴然としているが、ナマコには殻がない。骨片は〇・一ミリメートルほどの大きさになってしまい、真皮をはじめ体内のさまざまな場所に散在している。殻を失って細長い形になったのは、ナマコの祖先がいったん砂に潜ったからだろうという説には既に触れた。

殻を失った代わりに、ナマコは体壁をきわめて厚くして身を守っているわけだが、小さくなった骨片にもそれなりの役目がある。タイヤの中の炭素粉同様の役目を担っているのである。タイヤは黒いが、これは炭素の微細な粒子がゴムの中に混ぜてあるから。炭素の微粒子は硬い。ゴムだけだと軟らかく、かつ磨り減りやすいが、炭素の粉を混ぜると硬くて摩耗しにくくなる。それと同様で、真皮に硬くて微細な骨片を混ぜ、皮を硬く磨り減りにくくしているのである。

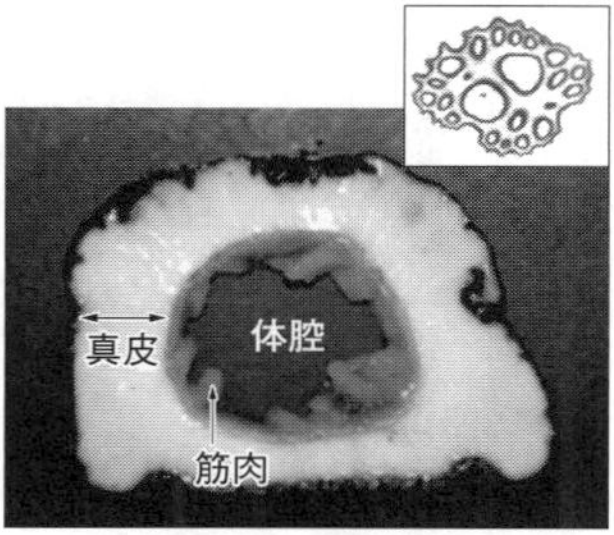

5-8　ナマコの横断面（クリイロナマコ）　厚い真皮（結合組織層）が体壁のほとんどを占め、中央は体腔（中の臓器はとりのぞいてある）。主要な筋肉は、体腔と真皮境目にある環状筋と縦走筋だけ。右上は体壁中の骨片（ニセクロナマコ、横幅は約0.1mm）

皮の硬さ変化

ナマコの皮は真皮層が厚くて実験のための試料がたくさんとれるため、私は研究に愛用してきた（皮を一部切り取ったナマコも、海に戻せば、失った部分を再生して生きのびていく。殺生せずに済むのもナマコを愛用した理由である）。シカクナマコ、ニセクロナマコ、クリイロナマコなど、沖縄のサンゴ礁にたくさんいるナマコたちにはお世話になった。とくに世話になったのがシカクナマコ。ナマコ研究を本格的に始めるきっかけを与えてくれたのは、このナマコである。

シカクナマコに手を触れると、皮をゴリッと硬くして身を守る。この硬くなったナマコを両手にとって一分間ほどしごいていたら、なんと、ナマコが溶け始めた。皮がドロドロに溶けて流れ落ちていく。沖縄に赴任してすぐ、海辺にシカクナマコがたくさんいるなあと欣喜《きんき》雀躍《じゃくやく》し、ナマコとたわむれていた時のことである。なんなんだこれは？　という疑問から、ナマコに深入りすることになった。

ナマコの皮（真皮である結合組織）の硬さを詳しく調べてみたところ、皮は硬さの違う三つの状態を示すことが分かってきた。①硬い状態（手で触れた際の、硬く「身構えた」状態）、②標準状態（手で触れる前のふつうにしている状態）、③軟らかい状態（この状態だと、しごくと溶ける）。

①硬い状態のナマコの皮は、硬いバネのような性質を示す。バネは引っ張られればのびた長さに比例した力を発生するが、この状態の皮もそうで、引っ張られれば引っ張られるほど大きな力で抵抗して身を守る。外からかかってくる力のすべてにきちんと対応する、いわば

「きまじめな」状態が硬い状態である。身を守るだけではなく、姿勢を維持するのにも硬い状態は働いている。

②標準状態はナマコのふだんの状態である。いつでも身を硬くしていた方が安全ではないかと思われるかもしれないが、そうとも言えない。この状態では、わずかに皮が引きのばされても抵抗しない。長さを一割以上変えるほどの大きな変形が加えられて初めて、皮は大きな力で抵抗する。つまり何にでもきまじめに抵抗するのではなく、ゆるゆるの遊びの部分のあるのがこの状態。遊びがあれば、自分が身動きする際に、抵抗なくスムーズに動くことができるし、たとえ波や砂粒などがぶつかってきても、遊びを使ってちょっと体を変形させればいなしてしまうこともできる。「柳に風」、「柳に雪折れなし」の戦略である。

③軟らかい状態は、単に軟らかいだけではなく、引っ張られれば引っ張られるほど軟らかくなるという性質（ひずみ軟化）を示す。しごかれたナマコが溶けたのは、この性質の表れで、しごいて皮を引っ張ると、どんどん軟らかくなっていき、しまいにはドロドロに溶けるほど軟らかくなってしまう。

ナマコが軟らかくなるとき

体をこのように溶かしてしまう性質にも、身を守る上での意味がある。ナマコはサポニンの一種であるホロスリンをもっており、これは魚に対して強い毒として働くから魚に食われることはあまりないが、毒が効かない魚（フグやサメなど）もいる。これらにくいつかれて皮を引っ張られた時には、ひずみ軟化により、引っ張られた部分だけが非常に軟らかくなって穴があく。そこからナマコは腸を放出する。それを敵が食べているあいだにナマコは逃げていくと言われている。自切（本体部分が生き残るために、体の一部を犠牲にして自分から切り離す反応）にキャッチ結合組織が関わっているのである。穴のあいた皮膚はすぐに修復されるし、腸も一ヵ月もすれば再生する。ナマコはきわめて旺盛《おうせい》な再生力を示す動物である。

ナマコにとって、魚より手強い敵は大形の巻貝やヒトデである。これらには毒が効かない。シカクナマコは、貝殻の径が一〇センチメートルを超えるウズラガイという大形の巻貝に襲われることがある。ウズラガイは外套膜を広げながら這い進み、ナマコに遭遇すると、外套膜をナマコの上に這わせて包みこんで口へと運び、丸吞《まるの》みにする。その時、ナマコのとる行動が面白い。包まれている部分の、皮の最外層のみを硬くする。そして硬くしたすぐ内側の部分をものすごく軟らかくする（竹輪の断面でみれば、皮の最外層が硬く、そのすぐ内側に非常に軟らかい層がごく薄いすじ状の円環になっている状態）。そして身を縮める。すると硬くなった外側の皮はつっぱって変形せずにその内側全体が縮むから、軟らかくした部分から外側の皮が剝がれてしまう。そのため、ナマコは外の皮だけを貝に残して、自身はすぽっと抜け出ることができる。これは暴漢に着物をつかまれた際に、着物を脱ぎ捨てて逃げるやり方と同じ。ナマコはのそのそとした動物だが、貝の方も御同様だし、どちらも眼は発達していないから、いったん貝から身を引き離せたら、ナマコはもう安全である。

軟らかい状態は無性生殖の際にも働く。ナマコには雌と雄があり、卵と精子を海水中に放出して受精するという有性生殖を行うが、有性生殖も無性生殖もどちらも行うナマコがいる。シカクナマコがそうで、季節により、二つの生殖法を使い分けているようだ。シカクナマコが無性生殖を行う時には、まず細長い体のちょうど真ん中あたりの皮を非常に軟らかくする。そして頭と尻とが反対方向にゆっくりと歩いて行く。すると、軟らかくなった皮の部分がチューインガムのようにひゅーっと細ながくのびていってやがて切れて二匹になる。前は後ろを、後ろは前を再生し、数ヵ月後にはこの二匹は、完全なナマコとなる。

このような軟らかくなる反応は、敵に襲われた非常事態や無性生殖などという、たまにしか起きない場面だけで働いているわけではない。シカクナマコは夜間、岩の間に入って身を隠している。ナマコが岩の隙間の狭い入り口を通って中に入る際には、皮を軟らかく変形しやすくしていると思われる。中に入って元の形に戻って皮を硬くすれば、もう狭い入り口はひっかかって通らないから、たとえ強い波がぶつかってきても洗い出されて流される心配はないし、捕食者が口をつっこんで引きずり出そうとしても大丈夫である。

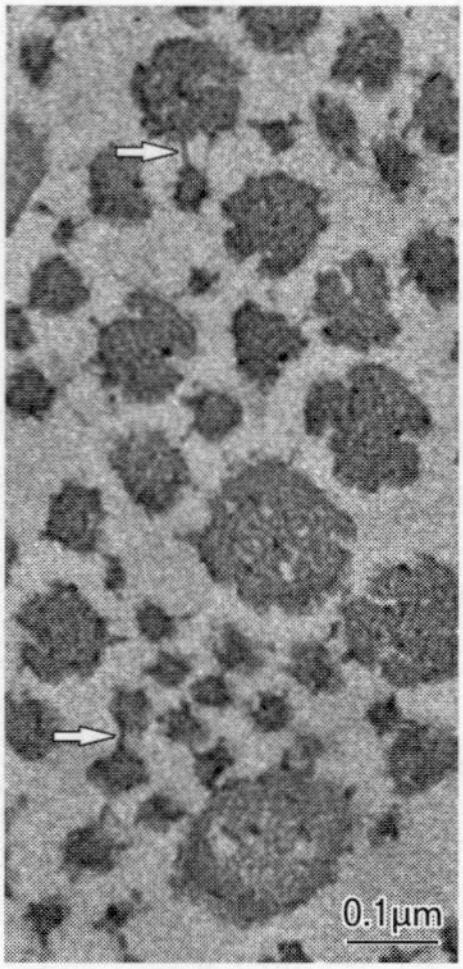

5－9　コラーゲン原繊維の電子顕微鏡写真（ニセクロナマコの標準状態の体壁）　原繊維の横断面が見えている。太さにばらつきがあり、原繊維間に架橋（矢印）が見られる

硬さ変化のメカニズム

ナマコ真皮を電子顕微鏡で観察すると、コラーゲン原繊維が束になってコラーゲン繊維が形成されており、これが真皮の主要構成要素であることが見てとれる（図）。コラーゲン原繊維は横断面にするとほぼ円形で、直径は二万分の一ミリメートル程度。原繊維のところどころから腕が出ており、隣の原繊維との間に架橋をつくっている。架橋の数を数えてみると、軟らかい状態、標準状態、硬い状態と、硬さの増大にともない、架橋の数が増えていく。原繊維どうしがたくさんの架橋で結合されれば互いにすべりにくくなり、皮は変形しにくく、より硬くなるだろう。架橋の数により、三状態の硬さの違いは説明がつく。

ただし、三状態それぞれが示す力学的性質上の「個性」については、架橋の数だけでは説明ができない。つまり軟らかい状態になったときにのみ溶ける反応を示したり、硬い状態のときにのみ遊びがみられなくなるという、各状態に固有の性質は、架橋の数だけで説明がつかないのである。

そこで電子顕微鏡写真をさらに子細に眺めてみると、軟らかい状態に特有の変化に気がついた。軟らかい状態では、コラーゲン原繊維が細くなるのである。コラーゲン原繊維は、より細いコラーゲンの糸が平行に並んで凝集してできている。比喩《ひゆ》的に言えば、より細い糸が糊で貼り合わされて原繊維ができているとイメージできる。真皮が軟らかい状態になると、この糊の粘着力が落ち、そのため、コラーゲン原繊維が引っ張られると、張り合わされていた内部の糸が滑りでて、原繊維が細くなってしまうのではないだろうか。引っ張られれば引っ張られるほど、どんどん原繊維が細くなっていき、最後にはごく細い糸が、グリコサミノグリカンのハイドロゲル中にばらばらに分散している状況になる。これが、ナマコが溶けた状態に対応すると思われる。

この電子顕微鏡から得られた解釈は、生化学上の知見にも合う。糊の本体と目されるタンパク質（テンシリン）や、糊を剝がすと思われるタンパク質（ソフニン）がナマコの真皮中に存在し、これらを抽出することができる。取り出したテンシリンを、軟らかい状態の真皮に与えると、標準状態になる。つまりより硬くなるのである。その際、テンシリンが糊の働きをしているであろうことをうかがわせる、以下のような実験がある。真皮からコラーゲンを溶かし出すと、顕微鏡で見えるか見えないかの細い糸が多数浮いたコラーゲン懸濁液が得られる。これにテンシリンを与えると、糸は凝集して太く長くなり、糸まりのようにからまっ

5－10　硬さ変化機構の模式図　コラーゲンの糸（白丸）がテンシリンの糊（白丸を束ねている灰色の部分）で貼り合わされてコラーゲン原繊維となり、原繊維の間に架橋（太い黒線）ができてコラーゲン繊維となる。コラーゲン繊維はプロテオグリカンのゲル（背景にある網目状のもの）の中に埋まっており、プロテオグリカン間にも架橋（両端が★の弧）がある（この架橋ができる時に水が出ていく）。体壁の硬さが変わる際には、糊の接着力と、二種の架橋の数が変わる

てくる。だからテンシリンは糸を貼り合わせる糊だと考えていいだろう。

それに対してソフニンは、標準状態の真皮を軟らかい状態にするタンパク質である。先ほどの実験でテンシリンを与えて糸まり状態にしたコラーゲン懸濁液に、このソフニンを加えると、糸まりが溶ける。ソフニンは糊の効果を打ち消すタンパク質なのである。

以上で軟らかい状態の個性を説明することはできた。硬い状態の個性についてはどうだろう。硬い状態では隣り合った原繊維間の距離が近くなる。この観察結果は、標準状態から硬い状態になる時に、真皮から水が失われるという実験結果とあっている（昆虫のクチクラが硬化するときに水が失われるが〔四〇ページ〕、それを連想させる反応である）。真皮において水を大量に抱え込んでいるのはグリコサミノグリカンのハイドロゲルだから、このハイドロゲルから水が失われ、全体の体積

が減り、コラーゲン原繊維どうしがより近づいているのではないだろうか。

それは硬さを測定した結果からも想像できる。遊びの部分（標準状態や軟らかい状態で、引っ張ってもあまり抵抗しないですっとのびる部分）は、小さな力で大きく変形するのだから、コラーゲン繊維のように硬いものが変形しているのではなく、より軟らかいハイドロゲルの変形を反映している可能性が高い。硬い状態ではグリコサミノグリカンのハイドロゲルから水が失われて硬くなり、遊びの部分がなくなるのではないかと考えている。硬さ変化機構の模式図を掲げておいた（図）。

キャッチ結合組織の神経支配

ガンガゼの棘のところでも述べたが、キャッチ結合組織の際だった特色は、硬さが神経の支配を受けていること。ガンガゼ同様、ナマコも体に影が落ちると、皮を硬くして身構える。ナマコもウニも眼という視覚専門の感覚器官をもっていないが、体表に分布している神経が光や影を感じることができる。これらの神経は手で触れるような機械刺激にも反応する。ナマコの体壁から、ナマコ特有の神経ペプチドが数種類見つかっており（ペプチドはアミノ酸がつながったもので、神経ペプチドとは、神経細胞がつくって分泌するペプチドのこと）、次のような神経支配の機構があると考えている。

硬くする神経が刺激を受けると、その末端からは、アセチルコリンや神経ペプチドであるNGIWYアミドが分泌され、それが体壁中に存在する分泌細胞に作用し、そこから硬くする物質（ナマコ新規硬化因子というタンパク質など）が結合組織中に放出されて硬くなる。別の神経の末端からは、ホロキニンという神経ペプチドが分泌され、それが体壁中に存在する別の分泌細胞に作用し、そこから軟らかくする物質（ソフニン）が結合組織中に放出されて軟らかくなる。

キャッチ結合組織のエネルギー消費量

キャッチ結合組織のもう一つの目立つ特徴は、硬い状態を長時間たもてるところ。疲れを知らずにずっと同じ姿勢を維持していることから、相当にエネルギー消費量が少ないのだろうと想像されてきた。そこでどれほどエネルギーを使っているかを測定してみた。

一番エネルギー消費量が少なかったのは、標準状態の時であった。軟らかい状態では標準状態の一〇倍近くのエネルギーを使う。では硬い状態ではどうか。軟らかい状態よりも、もっとエネルギーを使うのかと想像したのだが、標準状態の一・五倍しか使わなかった。

キャッチ筋が力を出している時にも、休止時の一・五倍のエネルギーしか使っていなかった（一二五ページ）。キャッチ結合組織の場合も一・五倍。これは偶然の一致にすぎないだろうが、これほど低い数字には意味があると思われる。通常の筋肉以外に、特別に姿勢維持専用の装置を別にもつという戦略を採用するということは、動物の種類や装置の種類によらず、それだけ大きなメリットがある、つまり特別な装置をつくるというエネルギーを投入しても、それを上まわるだけの省エネになることを示しているのではないだろうか。

一方で、軟らかくなるのに標準状態の一〇倍ものエネルギーを使うという結果には、いささか驚いた。しかし考えてみれば、これも納得のいく結果である。軟らかい状態になるのは、敵に襲われた時のような非常事態であり、そうした事態はそれほど頻繁には起きないし、また、その状態に長く留まることもない。それに、実際にコラーゲン原繊維をばらしているのだから、きわだって多くのエネルギーを使うのもうなずけることだろう。

筋肉との比較

さて、最も知りたいところは、姿勢を保つのに必要なエネルギーが、筋肉とキャッチ結合組織とでどれだけ違うかである。そこでナマコの筋肉のエネルギー消費量を測り、さっきの結果と比べてみた。結果は歴然。キャッチ結合組織が、エネルギー消費の上で断然、得なことが分かった。

得な点①　筋肉が収縮した状態とキャッチ結合組織が硬くなった状態とのエネルギー消費量

を比べると、キャッチ結合組織は筋肉の一〇分の一しかエネルギーを使わない。

得な点② 姿勢を維持するとは、ある大きさの外力に抵抗する力を出し続けることである。同じ断面積あたりどれだけの力に抵抗できるかを比べると、硬くなったキャッチ結合組織の方が、筋肉に比べて一〇倍大きな力に抵抗できる。つまりキャッチ結合組織を用いれば、筋肉の一〇分の一の組織量で同じ外力に抵抗できることになる。

①・②でどちらも一〇分の一なのだから、二つの結果を合わせると1/10×1/10＝1/100。結局、キャッチ結合組織を用いた方が、筋肉の百分の一のエネルギーで済み、圧倒的に省エネになるのである。

得な点③ さらに得な点がある。筋肉が休んでいる状態（収縮していない状態）のエネルギー消費量を測ってみたところ、なんと標準状態のキャッチ結合組織の三倍（硬いキャッチ結合組織と比べても二倍）ものエネルギーを使っていた。筋肉とは維持するだけで、大変な費用のかかるものなのである。また、筋肉は制作費も高くつくと思われる。筋肉は細胞の塊、それに対して結合組織は細胞外成分がほとんど。細胞という精巧なものをつくるには、細胞外成分に比べ、制作費が格段にかかるに違いない。だから「姿勢維持のための筋肉はもたない」という決断をするだけでも、相当の省エネになるわけだ。

実際に、ナマコには筋肉があまりない。体の断面図（一九五ページの図）をもう一度見ていただこう。竹輪の穴の縁にちょっと色の変わった部分が見えているが、これがナマコのもつ主要な筋肉である。体壁にある筋肉はこれだけ。他に筋肉がある部分として管足や腸があるが、その量は多くない。

ナマコを解剖して、体の中で筋肉の占めている割合を計測してみると、体の七パーセント。われわれ哺乳類では筋肉が四五パーセント（つまり体重の半分近くが筋肉の重さ）。ナマコの筋肉量は極端に少ない。では結合組織の方はどうかというと、ナマコでは六〇パーセント、哺乳類では一四パーセント。つまりナマコは皮の真皮が体の半分以上を占めており、ナマコは皮ばかりの生きものと言っていい。

ナマコは皮が主役、われわれは筋肉が主役。ヒトの場合、筋肉が使うエネルギーは、体全体の三分の二にも達する。体で最もエネルギーを使うのが筋肉なのである。それが少ないナマコは、個体としてのエネルギー消費量も少ないことが想像され、それが次節の話題となる。

4　低エネルギー消費（棘皮動物の特徴五）

棘皮動物は他の動物に比べ、極端にエネルギー消費量の少ないことが知られている。変温動物（体温が外界の温度によって変わる動物）の場合、体重が同じもので比べれば、昆虫であれ貝であれ両生類であれ、どの動物でもほぼ同じだけのエネルギーを使う。ところが棘皮動物だけは例外で、なんと他の動物の一〇分の一程度しか使わない。恒温動物と比べるなら、約一〇〇分の一。えらくエネルギーを使わないのが棘皮動物なのである。

エネルギーをあまり使わないと食生活が変わる

生物はエネルギーがなければ生きていけない。そのエネルギーを、動物は食物から得ており、食べる量はエネルギー消費量に比例する。エネルギー消費量が少ないとは、食事で摂るエネルギー量も少なくてよいことを意味する。だから少しだけしか食べなくてもやっていけるのだが、そんな小食の生活を選ぶ以外に、他の動物と同量食べるが、食べる餌は、栄養価のごく低いものにするというやり方も選択できる。つまり、エネルギー必要量が極端に少ない棘皮動物は、栄養価が低くて他の動物がとても餌にはできないものでも、食べものにできるわけだ。

そのやり方をとっているのがナマコ。ナマコはまわりの砂を触手でごそっとつかんで口に押し込む。砂は鉱物であり栄養にはならない。ナマコが栄養にしているのは、砂粒の間に入っている有機物（生物の遺体が分解したものなど）や、砂粒の表面に生えているバイオフィルム（八七ページ）である。それにしても、口にした大部分は単なる砂粒。重量あたりに含まれている養分は極端に少ない。われわれが砂で栄養を賄おうとしたら、山ほど食べる必要がある。巨大なサンドバッグのような胃袋をかかえてよたよたしていたら、たちまち捕食者に捕まってしまうだろう。ナマコのように、摂取エネルギーの量が極端に少なくて済む生物だからこそ、砂でもほどほどの量で生活できるのである。

ナマコ天国

そもそもナマコは砂の上に住んでいる。砂はいたるところにあり、他の動物たちが見向きもしないから食べ放題。ナマコは食べものの上にいるわけだ。これはお菓子の家に住んでいるようなもの。広大なお菓子の家をナマコは独占しており、食いっぱぐれる心配がまったくない。

そしてナマコはキャッチ結合組織や、毒を備えており、捕食者の心配はほとんどない。つまり逃げる心配も餌を探してうろうろする必要もない。動くといっても、砂を食べる場所を少々移動するくらい。そのための筋肉はごくわずかでかまわない。おかげで筋肉が少なくなり、体の大部分は身を守る皮ばかり。そんなもの、食べても栄養にならないから、ナマコを狙う捕食者は減っていき、ますますナマコは安全になる。

食う心配がなく、食われる心配もない。これは天国の生活ではないか。ナマコは省エネに徹することにより、地上に天国を実現させたのだった。

他の棘皮動物も似たようなものである。

ウミユリは捕食者の多い浅海を避け、深海に移動した。深海は、生物の遺骸が分解して浅海から落ちてくる場所であり、流れのあるところに陣取っていれば、餌はどんどん流れてくる。摂食の姿勢は、キャッチ結合組織のおかげで、楽にとり続けることができるし、体は外骨格的内骨格で守られているから安全。ウミユリも、食う心配も食われる心配も少ない生活を送っている。

ウニの餌は藻類である。藻類は陽当たりのよい場所ならいたるところに生えている。ただし陽当たりがよいとは、開けっぴろげで、身も隠せず捕食者の目にもつきやすいこと。そして藻類から栄養を得るには、肉を食うよりはずっと多くの量を食べる必要がある。結局、藻類を食うことにすれば、危険な場所で長いこと食事に時間をかけることになる。ウニはそんな生活にまさにうってつけなのである。立派な殻をもち、キャッチ結合組織で支えられた棘を多数はやしている。これだけの守りがあれば藻類を我がものにできるから、これも食う心配も食われる心配もない生活である。

ヒトデも、貝という、他の動物には手に負えない餌を攻略する手段を手に入れた。二枚貝は逃げないし結構たくさんいるが、手間暇かけてこじ開けねばならない。食べるのに手間どっている間に、自分自身が捕食者にやられてしまう心配がある。ところがヒトデはキャッチ結合組織のおかげで殻をこじ開けかつ身を守るすべを手に入れ、サポニンの毒ともあいまって、やはり食う心配も食われる心配もなくなった。

棘皮動物はちょっとだけ動く

動物は大別して二種類、すばやく動くもの（運動指向型動物）と、専守防衛のもの（防御指向型動物）に分けられるだろう。

運動指向型のものは、足に自信がある。脊椎動物がこの代表。発達した四肢やヒレがあり、すばやく動く。また発達した眼をはじめとする感覚器官をもち、敏感に餌の存在を感じてすばやくそこに向かい、他に先んじて確保する。敵の存在も敏感に感じてすばやく逃げる。それを可能にする感覚器官が発達し、感覚器官がとらえた情報をすばやく的確に処理する神経系も発達している。ただし体の防御はそれほど発達していない。重い鎧で身を守っていたらすばやくは動けないからである。頼るのは逃げ足の速さ。ところが、より速くなろうと筋肉を発達させれば、捕食者の目には、よりおいしい餌に見えてくるわけで、余計に狙われる心配もふえることになる。

防御指向型の動物は逆で、サンゴ・フジツボ・固着性の貝がその代表。立派な殻で身を守っており、逃げることも餌を探して歩くこともしない。そのため、運動器官・感覚器官・神経系は発達していない。

棘皮動物は以上二つのどちらとも違い、ちょっとだけ動く動物である。これは動物としてはまことにめずらしい。キャッチ結合組織が軟らかい時には、体はある程度のしなやかさをもち、のそのそとではあるが運動可能である。キャッチ結合組織が硬くなると防御指向型に匹敵する良い防御をもつことができる。

運動指向型の動物が餌にしようと思っても、手間と危険を伴うためにとても手に負えないとあきらめるような餌（たとえば藻類や貝やサンゴ）でも、棘皮動物には良い防御があるため、食べ歩くことが可能になる。防御指向型のものは、流れに乗ってくる有機物の粒子（フジツボや貝の場合）や、光（サンゴの場合）のような、向こうからやって来るものしか餌にできないのに対し、棘皮動物は、のそのそとではあれ、動くことができるから、向こうからやって来ないものでも餌にできる（ただし逃げ足の遅いものに限る）。

さかんに動く動物と、まったく動かない動物との間で、ちょっとだけ動く生活をしているのが棘皮動物である。ちょっとだけ動ければ、どちらの動物も手に入れることができなかった餌を独占できる。いわば「隙間産業」で身を立てているのが棘皮動物。他と競い合うことなく、平和裏に天国の暮らしを実現してしまったのが彼らであり、それも「小さな骨片がキャッチ結合組織でつづり合わされた」類い希な支持系を開発したおかげだった。

靭帯が筋肉の代わり？——ウミユリの不思議

ウミユリは茎で海底の基盤から立ち上がっている。その際、茎を基盤に固定しているのが巻枝《まきえだ》である（二三九ページの図）。これは茎のところどころから生えた細い「枝」で、少々曲がって（巻いて）いて、先端が尖って爪になっており、これで岩をかんで体を固定させる。茎はコイン状の骨片が積み重なった構造だが、巻枝も同様で、どちらもコインとコインの間は関節になっており、靭帯でつなげられている。関節のところで、ある程度は曲がる（グースネックの電灯のように）。

ウミユリは茎を垂直に立て、腕を流れの中に広げて流れに乗ってくる有機物の粒子を、管足をのばして捕らえて食べる。管足はもちろん管足中にある筋肉によって動く。茎も巻枝も、たまにだが動いて形を変える。この動きも当然筋肉によるものと常識的には考えるところなのだが、じつは茎にも巻枝にも筋肉がまったく存在しない。にもかかわらず動くのである。ふしぎに思って、ウミユリの仲間のトリノアシを用いて、関節部の靭帯を調べてみたところ、靭帯は硬さを変えるだけでなく、収縮して力を出すことが分かった。

靭帯（結合組織）が収縮して筋肉の代わりをするのである。こんなことは前代未聞。驚きの結果だったが、思い当たるふしがないでもなかった。先ほどナマコの皮が硬くなる時に組織から水が失われると述べた。水が失われれば、当然、組織の体積は小さくなる、つまり縮む。キャッチ結合組織の硬さ変化においては、（わずかではあるが）収縮も伴っているのである。ということは硬さ変化の機構を、収縮の機構としても使えるわけだ。この収縮反応が顕著なのがウミユリの靭帯なのではないだろうか（このアイデアを確かめる実験をする前に定年を迎えてしまった、残念）。

収縮性結合組織は茎や巻枝だけではなく、ウミユリの腕にも見られる。ただし腕には筋肉も存在する。腕もコイン状の骨片が積み重なってできており、関節部でコインどうしが、靭帯と筋肉の両方によりつなげられている。そしてこの靭帯と筋肉の配置が不思議なのである。われわれの腕では、筋肉は関節の内外どちらにもあり、腕を内向きに曲げるのが内側の筋肉、外方向に曲げるのは外側の筋肉と、拮抗筋が関節の両側に配置されている（四八ページ）。ところがウミユリでは内側（口方向）に曲げる筋肉しか存在せず、普通なら外側に曲げる筋肉のあるべき位置には靭帯があり、この靭帯が縮んで腕を外側に曲げる。つまり筋肉と靭帯が拮抗しているのである。こう書くと、二枚貝の殻の蝶番を思い出される方もおられよう。そこでもやはり、閉殻筋と靭帯とが拮抗していた（一一五ページ）。ただし貝の靭帯はたんなるバネとしてしか働いていない。ところがウミユリの腕では、靭帯自身が能動的に力を発生して収縮し、逆側にある筋肉と拮抗しているのである。

ウミユリもずっと同じ場所に固着しているわけではなく、たまには場所を変える（それができなければ、流れが変わって餌を運んでこなくなったなら、飢えて死を待つしかない）。トリノアシの場合、腕を使って時速五〇センチメートルというごくゆっくりとした速度で這い、岩をよじ登ることもする。その様子を観察すると、腕を外側に曲げながら地面をゆっくりと押して体を前に進ませる。外側に曲げるのは靭帯。つまり這う原動力として靭帯を使っているのである。ではいつ筋肉を使うかというと、危険に際して伸ばした腕を内側にすばやく曲げて本体を腕で覆い隠す時。どうも、速い運動には筋肉を、ゆっくりとした運動には靭帯をと、速さによって使い分けているように見える。

二刀流への進化

祖先の棘皮動物においては、骨片の接合部に筋肉がなかったと考えられている。化石から筋肉の有無を直接知ることはできないのだが、現生の棘皮動物においてステレオム構造の穴のあき方を調べると、靭帯が結びつく穴と筋肉の末端が結びつく穴とで違いがある。この知見がそのまま祖先の化石にも当てはまるとすると、骨片と骨片をつなぐ部分には筋肉がなかったと考えられるのである。こんな祖先も摂食姿勢をとる時とそうでない時とでは、殻や、殻から伸ばした腕の姿勢を変えていたと想像されている。彼らに筋肉がないとするなら、その動きは靭帯を収縮させて行っていたと考えざるを得ない。

そういう祖先が強力な捕食者の出現に対応して、それまでの固着生活から、ちょっとだけ動く生活へと暮らし方を変えた。変えるにあたって、骨片間に、結合組織に加えて、新たに筋肉を配置し、体をよりしなやかにすばやく変形可能にした。それにより、管足による移動運動を助け、棘の反応速度を高め、また、岩穴などに身を隠しやすくしたのではないだろうか。結合組織と筋肉とを同じ場所に配置したために、結合組織は硬さ変化のみに機能が特化し、結合組織の収縮する機能は、祖先同様に固着生活を送っているウミユリ以外では目立たなくなったというのが、私が思い描いているストーリーである。

それにしても、筋肉と結合組織という異なる組織を同一場所に配置するのには余計な費用（エネルギー）がかかる。姿勢を維持するとは、まずその姿勢になるまで体を動かし、そうしておいてその位置で体を不動に保つことである。動かして動かなくするという二つの働きが必要で、普通はその二つを筋肉で行っている。例外的に棘皮動物の祖先は、硬さを変え、なおかつ収縮もするという結合組織でその二つを行っていた。つまりどちらのケースでも、一種類の組織だけで動きと姿勢維持を行っており、それが普通のやり方なのだが、そこをあえて、捕食者対策を迫られた際に、筋肉とキャッチ結合組織という二つの組織を同じ場所に配置する、二刀流の流儀を棘皮動物は採用したのである。結合組織だけでは収縮速度が足りずに身を守れなかったと思われるが、それならキャッチ結合組織などやめて筋肉に一本化する選択肢もあったはずである。

二刀流が成り立つには、一つの組織に加えてさらに別の組織を配置するのにかかる余分なエネルギーの出費を、キャッチ結合組織の省エネ効果が補ってあまりある状況でなければならない。その状況とは、いつも同じ姿勢を保ち続けているが（つまりキャッチ結合組織を大活躍させており、キャッチ結合組織の省エネ効果を大いに活用しているが）、時たま動くという生活であり、これがまさに棘皮動物の暮らし方。だからこそ、キャッチ結合組織が棘皮動物で発達しているのだろう。こんなちょっとだけ動く暮らし方をしているのは棘皮動物しかいない。キャッチ結合組織が棘皮動物だけにしか見られないことには、こんな理由があると思われる。

棘皮動物には脳も心臓もない

棘皮動物には脳がない。だから脳死はない。心臓や血管系がなく、肺がなく、眼ももたない。ヒトの生死判定では、心臓の動き・肺の動き・対光反射（光を当てると瞳が縮む反射で、これには脳が関わっている）の三つの有無を確かめるが、これを棘皮動物に当てはめたら、すべてない。棘皮動物はそもそも生きていないことになる。

われわれ脊椎動物だと、脳という中枢があり、そこから末端に指令が流れていく。心臓という中枢があり、そこから末端へと血液が流れていく。心臓や脳という中枢がやられてしまえば死。ところがナマコは半分にすれば二匹になるし、腕一本から残りの腕すべてを再生するヒトデもいる。ウニは殻を割って内臓をとりのぞいても、殻の破片が数日間はもそもそと這いまわっている。

棘皮動物には中心になる器官が存在しないのである。摂餌・運動・呼吸・排泄・感覚と、棘皮動物の主要な機能を兼ね備えている万能の器官が管足であるが、これは体の表面に散在しており、整然として統一のとれた行動をとるわけではない。管足は、もともとは流れに乗ってくる食物粒子をつかまえる器官であり、ぶつかってきた粒子に反射的に反応すれば、それで済んでいたものである。ウニの棘も、体の表面に散在しており、防御にも運動にも、そして場合によっては摂餌や呼吸や感覚にも関与する「セミ万能」の器官であるが、これも、最大の機能である防御に関しては、さわられれば硬く直立し、近傍の棘や殻の表面がさわられればそこを覆うように倒れればいいというように、ごく局所的な反射だけを行っていれば、こと足りる。

中枢による統御が必要になると想像されるのが、管足を使っての歩行。ところがこれも一六九ページで見たように、神経系を介さない単純な力学的カップリングだけでなんとかなるようなのだ。歩行といっても、すばやい反応や大きな移動速度が必要とされないならこれで十分であり、脳から末梢へという中枢主導のシステムが発達する必要はなかったのだろう。

管足や棘という酸素をたくさん使う器官は体表近くにあり、そして呼吸器官である管足も体表のいたるところにあるのだから、酸素を配るシステムは必要ない。そもそも棘皮動物はエネルギー消費量が少ないから酸素もあまり使わない。体の内部にある消化器官や生殖巣へは、それらが浮いている体腔の中の体液をかき混ぜるだけで、体表からの酸素の供給は足りてしまう。だから心臓や肺が備わった血管系のような、中央から末端へと酸素を供給するシステムが発達する必要はなかったのだと思われる。

中央集権ではなく、地方分権という戦略

運動指向型の動物の場合、スピーディに動き回るためには、すばやい判断と体全体の筋肉の統制のとれた動き、そして筋肉と脳への酸素と栄養のすみやかな供給とが欠かせないため、どうしても「中央集権的」な体になる。運動指向型動物は、環境に対してその時々に、「本人の意志やすばやい判断によって」立ち向かっていくものであり、そういうものは中央集権的な体制をとる。それに対して動かない生物は、いったん場所を定めた後は、いわば環境のなすがまま。ウミユリのように、基盤に固着して流れが食物を運んできてくれるものでは、

食物の粒子の含まれている流れが体に当たったら、当たったその部分の管足を活性化すればいいのであり、体の各部が局所的に判断するだけで生活が成り立っていく。

では、ウニのようにちょっとだけ動くものの場合はどうだろう。ある方向から藻類の匂いが流れてきたなら、それに近い管足が刺激に反射的に反応して匂いの発信源に向かって歩き出す。すると他の管足も引っ張られて動きが同調し、体全体がその方向に向かう。これで餌は手に入るのである。

ドイツのフォン・ユクスキュルはウニの棘の動きを研究し、棘の根元には棘を動かす筋肉と、棘の姿勢を保つ筋肉とがあることを報告した。その姿勢を保つ筋肉とされたものが、じつは筋肉ではなくキャッチ結合組織であることが、後年、我が師である東大の高橋景一により示された（ちなみにユクスキュルも高橋も、貝のキャッチ筋の研究も行っている）。

ユクスキュルは名著『生物から見た世界』の中でこう書く。「イヌが歩く場合は、イヌが足を動かすのだが、ウニが歩く場合には足がウニを動かすのである……（ウニの棘は）それぞれが独立の反射個体として作られている。……したがってこれを『反射共和国』という名で呼ぶこともできよう」。

第1章で見たサンゴや次章で取り上げるホヤのような固着性の動物においては、個体が集まって群体をつくるものが数多く見られる。固着性や緩慢な動きの動物では、中央集権型よりはむしろ、群体性（連合共和国型）や、棘皮動物のような地方分権型の体が適した体制なのである。

では次章で連合共和国型の動物ホヤについて見ていくことにしよう。

ナマコ天国

見ない　耳ない　鼻もない
筋肉あっても　超少ない
見ててもさっぱり　動かない
これでもナマコは「動」物かい？
なんでこんなで　生きてられるか
なんでこんなで　生きてられるか
なんだかさっぱりわからない

見ない　耳ない　鼻もない
心臓もなければ　脳もない
脳死が死ならば　生きてない
これでもナマコは「生」物かい？
なんでこんなで　生きてられるか
なんでこんなで　生きてられるか
なんだかさっぱりわからない

ナマコはごろんと　砂の上
砂に住まって　砂を食う
砂ならそこらに　いくらもある
きょろきょろ　うろうろ探すこたあない
見ざる　聞かざる　動かざるでも
見ざる　聞かざる　動かざるでも
なんにも都合は悪くない
↖

↖

逃げも隠れもしなくても
心配ないんだ　ホロスリン
キャッチ結合組織でできた
皮もガチッとガードする
食べる心配　逃げる心配
食べる心配　逃げる心配
そんな心配　関係ない！
関係ない！　そんなの関係ない！

省エネに徹すれば
砂もたちまち食べものに
砂を噛むよな人生は
この世のものとも思われず

砂を食べてりゃ　砂を食べてりゃ
砂を食べてりゃ　この世は天国
ナマコ天国　ナマコ天国
ナマコのパラダイス

第6章　ホヤと群体生活——脊索動物門

いよいよわれわれ脊椎《せきつい》動物の属するグループである脊索《せきさく》動物門にとりかかることにする。この中には、脊椎動物の他にナメクジウオとホヤの仲間がいる。本章はホヤについて述べ、次章で脊椎動物をとり扱う。

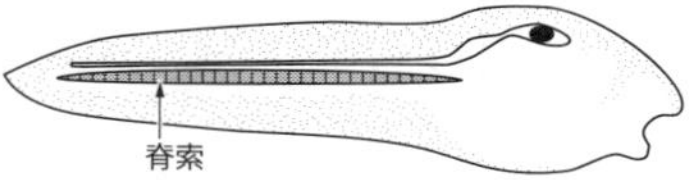

6－1　ホヤのオタマジャクシ幼生

ホヤは食べるから馴染《なじみ》があるだろう。日本で食べるのはマボヤ。大形のホヤで、握りこぶしより一回り大きく、外側の赤い皮をむくとオレンジ色の中身が出てくるが、これを酢のものにする。韓国では他のホヤも食べるらしく、釜山《プサン》のホテルで朝食に出てきた真っ赤なキムチには、小さなホヤが丸ごと入っていた。

ホヤはすべて海産であり、ほとんどのものが岩に固着した生活を送っている。頭もしっぽもない、ただの塊のようなぷっくらした体が、ランプの火屋《ほや》に似ているところからこの名がある。こんなものがわれわれと同じ仲間だとは、とても信じられないだろう。ところがホヤの幼生を見ると、これは親とは大いに異

脊索動物門（約６万種）	
1	頭索《とうさく》動物亜門（ナメクジウオ、約30種）
2	尾索《びさく》動物亜門（ホヤ、オタマボヤ、サルパ、約3000種）
3	脊椎動物亜門

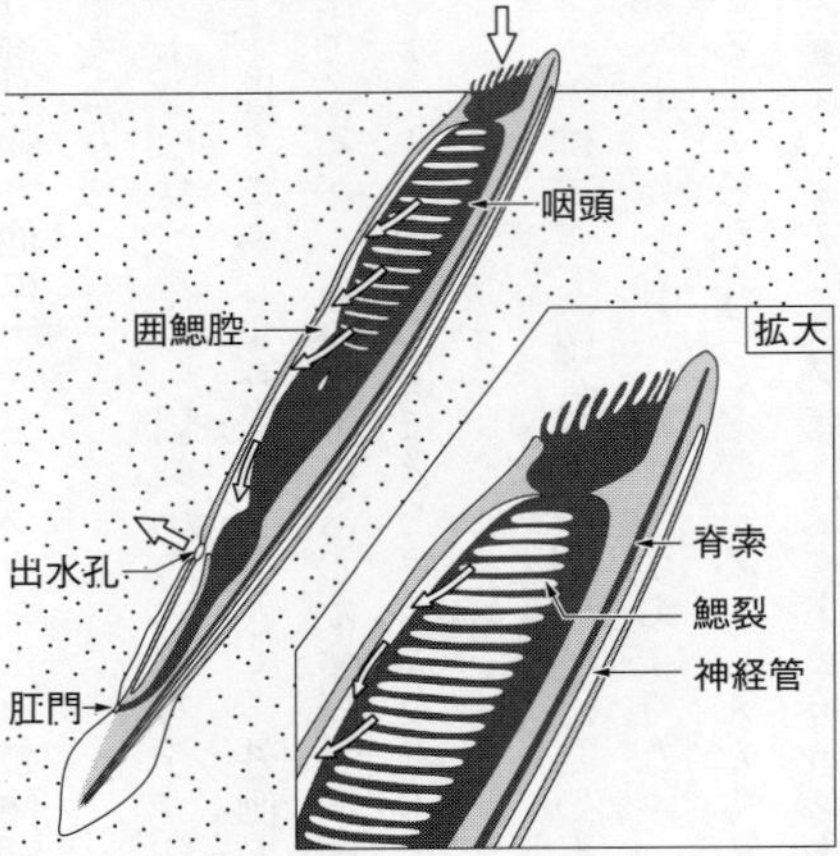

６－２　**ナメクジウオ**　砂に潜って濾過摂食している姿勢。右下は前部の拡大。濃く塗った部分が消化管であり、その前半部は長大な咽頭になっている。咽頭には多数のスリット（鰓裂）があり、そこを通って濾過された水が囲鰓腔へと流れ出す（白抜き矢印）

なり、小形のオタマジャクシそっくり。しっぽを振って泳ぐ。これなら仲間だと言われても、まあそうかな、くらいには思える。

脊索動物のもう一つの構成員がナメクジウオ。ウオと名が付いているように魚形で、われわれの仲間と言われれば素直に納得がいく。脊索動物の祖先形にもっとも近いのがこれである。ただしナメクジウオと脊椎動物の類縁関係は遠く、かえってホヤの方がよりわれわれに近縁である。そうは見えないのは、ホヤが固着生活に入ったことにより、体のつくりが脊索動物の基本形からかけ離れてしまったから。

ナメクジウオは体長三〜八センチメートル、すこしピンクがかった銀色で、内部の器官が透けて見える。しっぽを下に、体をほぼ垂直でちょっと仰向けの立った姿勢にして砂に潜り、頭だけ出している。海水を口からとり込み、その中から有機物の粒子を、エラで濾しとって食べる。脊索動物の祖先は濾過摂食者だったが、ナメクジウオもホヤもそうである。

ナメクジウオは南日本沿岸の浅い砂地に住んでおり、大島（愛知県蒲郡《がまごおり》市）・有竜島《うりゅうとう》（広島県三原《みはら》市）の二ヵ所が生息地として国の天然記念物に指定されている。中国福建省厦門《アモイ》では昔は大量にとれて食用にしたという。最近、養殖に成功したらしい。

脊索動物は脊索をもつ

ホヤ、ナメクジウオ、そしてわれわれ脊椎動物に共通する特徴は脊索をもつこと。英語で脊索はノトコードで、ノトは背部、コードは楽器の弦（ともにギリシャ語）。日本語の脊は背骨、索はロープを意味しており、ほぼ直訳である。

脊索とは、体の正中線の背側に前後に走る棒状の支持器官（体を支える器官）のこと。これは細長い風船にパンパンに水を詰め込んだものをイメージすればいい。水の詰まった風船を引っ張って伸ばそうとしても、押しつぶして短くしようとしても、中の水の体積は一定だから、かかってきた力に大きく抵抗し、簡単には長さを変えられない。曲げようとすれば曲

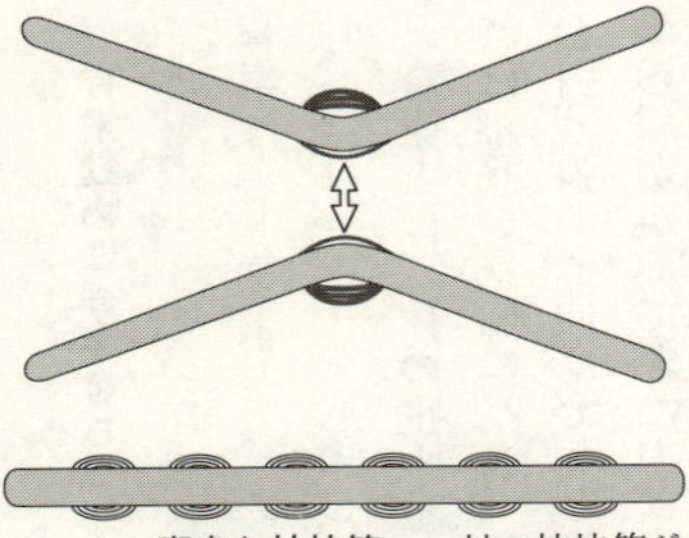

6－3　**脊索と拮抗筋**　一対の拮抗筋があれば脊索を逆方向に交互に曲げることができる（上）。拮抗筋のペアを多数配置して（下）順に収縮させれば、脊索に曲げの波をつくることができる

がるが、手を離せばピンとはねて元に戻る。こんなふるまいをするから、脊索が骨の代わりになるのである。

脊索動物へと進化する前の祖先は、体の軟らかな蠕虫状（ミミズ形）の動物であり、外骨格も内骨格ももっていなかったと思われる。だから泳ぐといっても、その細長い体を不器用に左右に振り動かすだけで、これではすばやい運動はできなかっただろう。そういうものが脊索を進化させ、脊索の左右に拮抗筋（四七ページ）を配置して交互に収縮させ、体を効率よく左右に振り動かして水を押すようにした（図）。この棒状の脊索は骨ほど硬くはなく、また、きちんとした関節を備えているわけではないが、ないよりはずっとましで、拮抗筋がそれなりに機能できるようになっている。

ナメクジウオは透明だから、拮抗筋の配置がよくわかる。透明な体を通して、拮抗筋のペアが脊索の左右両側に存在し、このようなペアが前方から後方へと多数並んでいるのが見てとれる。この一対の拮抗筋の塊を筋節と呼ぶ。筋肉の塊がつぎつぎと前から後ろへと並んでいる様子が、ちょうど竹の節が連なっているように見えることによる命名である。ナメクジウオの場合、筋節は横から見ると「く」の字形（左が頭側）に曲がっており、これが六十数個並んでいる。これを前から順に収縮させていけば、ウナギのように、くねる波を体に起こして泳げることになる。

われわれ脊椎動物の場合、脊索は発生の過程で脊柱に置き換えられる。脊柱は、硬い骨でできた脊椎骨が、関節を介して次々とつながって柱状になったものである。これが体の前後方向に一本走っている。関節ごとに筋節が付着しており、そのずらりと並んだ筋節が次々と収縮して体をくねらす波をつくるところは脊索同様である。魚の皮を剝いでみればわかるが、Wを横にした形（Wの開いた側が頭側）の筋節が、体の前から後ろへと並んでいるのが見てとれる。骨をもたないものが効率よく泳げるようにと開発したのが脊索であり、それをさらにグレードアップしたのが脊椎骨でできた脊柱なのである。

脊索が運動のためのものだということは、ホヤを見ればわかる。ホヤでは自由遊泳する幼生には脊索があるが、固着生活をする成体になると、脊索は失われてしまう。幼生はオタマジャクシの形をしており、尾の部分に脊索が前後に通っている。だからこの仲間を尾索動物と呼ぶのである（これに対してナメクジウオは頭の部分にまで脊索がのびているから頭索動物と呼ばれる）。ホヤの幼生は尾をくねらせて泳ぐ。この幼生は餌を摂らない。だから泳ぐのは餌を探し回るためではなく、その後の一生を送るのに適当な場所を泳いでいって見つけるためだろう。餌が豊富に流れてくる場所を選んで、幼生は岩に付着し、そこで変態して親になる。口で岩に固着するのだが、変態に伴い、下に向いていた口は移動していき、最終的には岩と反対側、つまり上向きに口が開くことになる。しっぽは（そしてその中の脊索も）変態の過程で失われる。

脊索の構造

脊索は、細胞が連なったものが丈夫な結合組織の皮で包まれ、棒状になったものである。この構造は、脊索動物の三つのグループに共通。ただし細胞のあり方がグループごとに異なっている。

ホヤでは空胞化した細胞（つまり中身が水ばかりになった細胞）が前後に連なって、その表面が結合組織性の膜により覆われて棒状になっている。水の詰まった風船のたとえが一番あうのがホヤの脊索である。

ナメクジウオの脊索は、コインを積み重ねて棒状にし、それを結合組織の膜で包んでから横にしたようなもので、コインの一個一個が筋細胞でできている。筋細胞であれ何であれ、細胞の中身は八割が水であり、やはり脊索は水の詰まった風船のようなものと考えていい。

コイン形の筋細胞は脊索の長軸方向（コインの厚さ方向）ではなく、それと直角の方向に縮むようになっており、筋肉が縮むとその部分の脊索が細くなる。細くなればそこで脊索が曲がりやすくなる。こうして、関節のない脊索に、関節のような曲がりやすい部分をつくれるところが、ナメクジウオのイノベーション。脊索としてはかなりのすぐれものである。脊索は、内臓をそれぞれの位置にぶらさげておく便利な吊り棒の役目もはたしている。

脊椎動物では、脊索を終生もつもの（たとえばヤツメウナギやチョウザメ）もいるが、われわれ哺乳類のように、発生初期にのみ脊索をもち、後に脊索は脊椎にとって代わられるものが多い。脊椎動物の脊索は、頑丈な結合組織の袋の中に多角形の細胞が詰まったものである。発生初期にだけ登場するのだから、もはや何の意味ももたないと思うかもしれないが、それは違う。脊索は幼生においても体の支柱となっており、また、周りの組織にシグナル分子を送って発生のパターンを決める重要な役目をはたす。

ホヤ（尾索類）の体のつくり

ホヤは急須のようなものだと思えばいい。図を見ていただこう。これはホヤの片側の体壁を取り除いたものだが、上にお湯を入れる口（入水孔）があり、側面の上方にお茶を注ぐ口（出水孔）がある（ちなみに出水孔のある側面の方を背側、逆を腹側と呼ぶ）。体の真ん中には巨

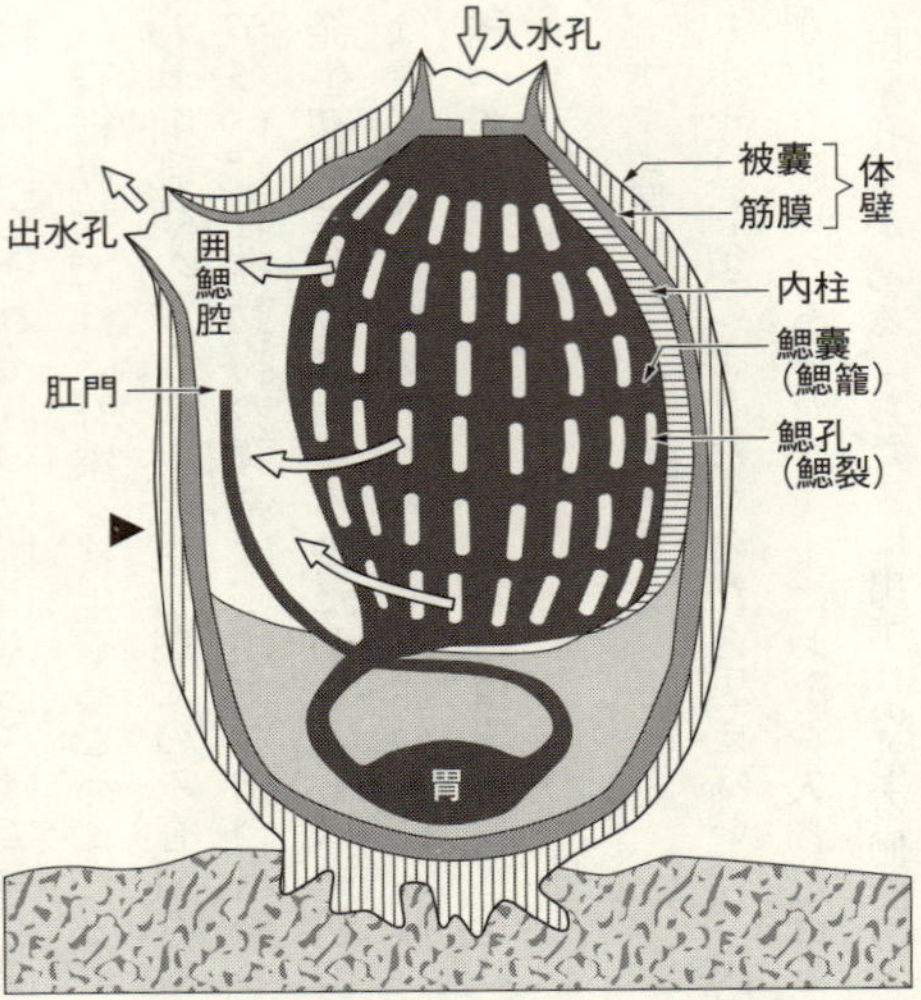

6－4　ホヤ　前面の体壁を除去して中がみえるようにした模式図。白抜き矢印は水流を表す

大な茶こし（鰓籠《えらかご》）がデンと鎮座している。内臓は茶こしより下にこちょこちょとまとまっている。この体を見れば、ホヤは巨大な濾過器だと言って、納得してもらえるだろう。

濾過器のつくりは、基本的にはナメクジウオと同じなので、まず脊索動物の基本形に近いナメクジウオについて少々述べておこう。口から飲み込まれた海水は、長い咽頭《いんとう》を通る。咽頭は口腔と食道の間の部分であり、ナメクジウオの場合はこれが体の半分近くの長さを占めている（図6―2）。じつはこの咽頭という細長い管は、もう一本の細長い管（囲鰓《いさい》腔《こう》）の中に入れ子になっている。咽頭にはたくさんのスリット（一八〇以上）が刻まれており、この細い裂け目を通って海水は咽頭から囲鰓腔へと流れ出し、その中を通って体の後方にある囲鰓孔（出水孔）から体外に排出される。咽頭はじつはエラ（鰓）であり、スリットは鰓の裂けめだから鰓裂《さいれつ》と呼ばれる。エラは本来、呼吸器官で、ナメクジウオでも海水がエラを通り抜ける際に酸素が体内に取り込まれる。ナメクジウオはそのエラを、さらに濾過摂食の器官としても利用しているわけで、これは二枚貝と同じ発想である。海水の流れを起こすポンプとして働いているのが側部繊毛で、これは鰓裂のへりに沿ってずらっと生えている。この繊毛がいっせいに打つことにより、海水を口から咽頭内へと呼び込む。水は鰓裂を通って囲鰓腔へ流れ出し、さらに体外へと押し出される。

ここまでは二枚貝とよく似ているのだが、流れから有機物の粒子を濾しとるフィルターの部分が異なっている。二枚貝では繊毛がフィルターとして働いていた。しかしナメクジウオでは、粘液のシートがフィルターである。粘液は内柱と呼ばれる部分から分泌される。粘液にからめとられた有機物は、咽頭から食道へと運び込まれていく。

では、ホヤの濾過器はどうなっているのだろうか。ナメクジウオの場合は咽頭が細長くなっていたが、ホヤではそれがずっと太って短くなっており、太った喉《のど》ばかりのものが岩にくっついているようなものがホヤ。入水孔から入った海水は太った咽頭（鰓籠）の中に入る。鰓籠と呼ばれるように、咽頭は目の粗い竹籠のようであり、水は、このたくさんの籠の網目（鰓孔《さいこう》、ナメクジウオの鰓裂に相当する）を通って囲鰓腔へと流れ出る。網目の上には粘液のシートが広げられているから、このシートを通過して水は出ていくことになり、その際に、水中の有機物粒子は粘液に濾しとられる。鰓籠の底は細い管となって胃へとつながり、濾しとられた粒子は、粘液ごと胃へ入っていく。胃からは腸がのびて最後は肛門となっており、肛門からの排泄物は、囲鰓腔から出水孔へ向かう水流中に捨てられる。

1　動物性セルロース（尾索類の特徴一）

まずホヤの体を覆っている体壁から見ていくことにしよう。体壁は三層になっており、一番外側にあるごわごわした層が被嚢《ひのう》。これは尾索類に特徴的なもので、この仲間を被嚢類（チュニケイト）とも呼ぶ。被嚢は英語でチュニック。これは古代ローマ人が着ていた頭からかぶる膝丈の衣服で、今でも女性用の服にこう呼ばれるものがある。

被嚢の下に一層の薄い表皮があり、その下に筋肉の層（筋膜）がある。ここまでが体壁。筋膜の内側は囲鰓腔を覆っている上皮と接している。筋膜の英語はマントルで、これはマント（外套）の意味。

マントルという呼び名は貝でも使われて外套膜を指す。貝においてはマントルの外に貝殻があり、ホヤではマントルの外に被嚢がある。被嚢は、貝殻同様、その下の表皮がつくりだした外骨格だが、被嚢の中にはさまざまな細胞が含まれており、さらに血管も入り込んでいる。だから貝殻や昆虫のクチクラのような純然たる外骨格とは言いにくい。被嚢の中に入っているいろいろな細胞の働きにより、脱皮などせずとも、体の成長に合わせて被嚢は大きくなることが可能である。

被嚢の硬さは種によってかなり異なっている。マボヤの被嚢はごわごわとした革状。スジキレボヤのものは軟骨のようにこりこりしたもの。カンテンボヤの被嚢は、その名のとおり、寒天のようにぐずぐずである。

被嚢は丈夫な繊維でできているが、この繊維が、なんとセルロース。セルロースは植物細胞の壁をつくっているものであり、植物に特有だと考えられていた。それが動物にも存在するのである。セルロースは動物界広しといえども尾索類だけでしかみつかっていない。この動物性セルロースには（チュニックのものだから）ツニシンという名が与えられている。

セルロースとは多数のグルコース分子が直線状につながった高分子であり、植物はこの丈夫な繊維で細胞壁をつくって体を支え、かつ細胞を包み込んで守っている。セルロースを消化できる動物はほとんどいない。だからセルロースの丈夫な壁で細胞を包んでしまえば、きわめて安全なのである。日当たりの良い場所で動かずにじっと捕食者や強風に身をさらしている植物の生活は、セルロースがあってはじめて成り立つものだろう。

ホヤも流れのある（つまり陰になっていない）場所にじっと身をさらしている。捕食者や強い流れにさらされているのは植物とほぼ同様。そんな環境が、植物とは独自にセルロースという優れた材料を進化させた。対数ラセンのところですでに見たが(一〇一ページ)、系統的にまったくかけはなれた仲間であっても、同様の環境に置かれれば、厳しい自然選択の結果、同じ解決法が生み出されてくるのである。

2　濾過摂食（尾索類の特徴二）

ホヤは脊索動物の基本的な食事法である濾過摂食を行っている。ナメクジウオ同様、鰓のポンプで水流を起こし、流れにのってきたプランクトンなどを粘液で集めて食べる。海の中には多数の濾過摂食者がいる。すでに見たように、二枚貝類は繊毛で流れを起こして餌を集めるし、ウミユリは流れのある場所に陣取って管足で餌を捕らえる。ナンキョクオキアミは胸にある細かい毛の生えた六対の脚を、ちょうど籠の形になるように構えて泳いで行き、この中に植物プランクトンを濾しとる。そしてそのナンキョクオキアミを海水ごとがばっと飲み込んで食べるのがヒゲクジラである。飲み込んだ海水を、口にある多数の髭《ひげ》の間を通して外に出す際に、オキアミを濾し集めている。

なぜ海の中には濾過摂食者が多いのか

濾過摂食者が海に多いのは、海の中には微細な餌がたくさん漂っているからである。生物の遺体は、陸ならばその場で朽ちていくが、海では分解されて細かい有機物の粒子となり、ふわふわと漂う。それを餌としてバクテリアが増える。それらを丸ごと濾過して捕まえればいい。

海ではまた、光合成するものが漂っている。陸の植物は大地に根づいているが、海では海底に固着している藻類は沿岸部の浅いところのものだけ。太陽光は水で吸収されるから、せいぜい水深一〇〇メートルまでしか光は届かない。広大な海の大部分においては、海面近くにとどまっている植物プランクトンが光合成の主役になる。

植物プランクトンは体のごく小さな単細胞の生物である。体が小さければ捕食者に食べられやすいのだが、体を大きくするには、どうしても体を支持する構造をもたねばならず、それをもてば体が重くなり、沈んでしまう。光が届かない深みに沈んだらお終《しま》い。沈まないように浮きをつけて海水面に浮かぶやり方も考えられるが、表面は波が荒く、また紫外線も強い。雨にも寒波にも直接ふれることになるため、きわめて住みにくい環境である。体が小さいととくに問題になるのは表面張力。表面張力で海面につかまったら身動きがとれなくなってしまう。

したがって、植物プランクトンにとって住みよい場所は、海面より少し下ということになる。そこで植物プランクトンは、体の比重を海水よりちょっとだけ大きくし、常に少しずつ沈む力が働くようにして海面に行かないようにし、かつ沈んでいく速度をおさえるために、体から突起を出して水の抵抗を増やしたり、鞭毛を使って泳いだりする。

じつはこれらの単細胞の藻類は、植物のように硬くて消化できない細胞壁で体をくるんではいない。立派な壁をもつと、どうしても体が重くなって沈みやすくなるからである。そこで、食われないようにと防備にエネルギーを注ぐよりは、そのエネルギーを生殖に当て、食われ尽くされないようにどんどん個体数を増やしていくのが植物プランクトンのとった戦略であり、その結果、海の中には光合成の主役が、かなり無防備な姿で多数漂っていることになった。これを利用しない手はないだろう。植物プランクトンを食べる動物プランクトンも海の中には多数漂っており、これらを一網打尽にできるのが濾過摂食。だから海には多数の濾過摂食者が存在しているのである。

ホヤの濾過摂食

図はホヤを、鰓籠の位置で輪切りにしたものである。中央の広いスペースを占めているのが鰓籠。まんなかの広い部分が入水孔とつながっていて、ここに海水が流れ込んで来る。鰓

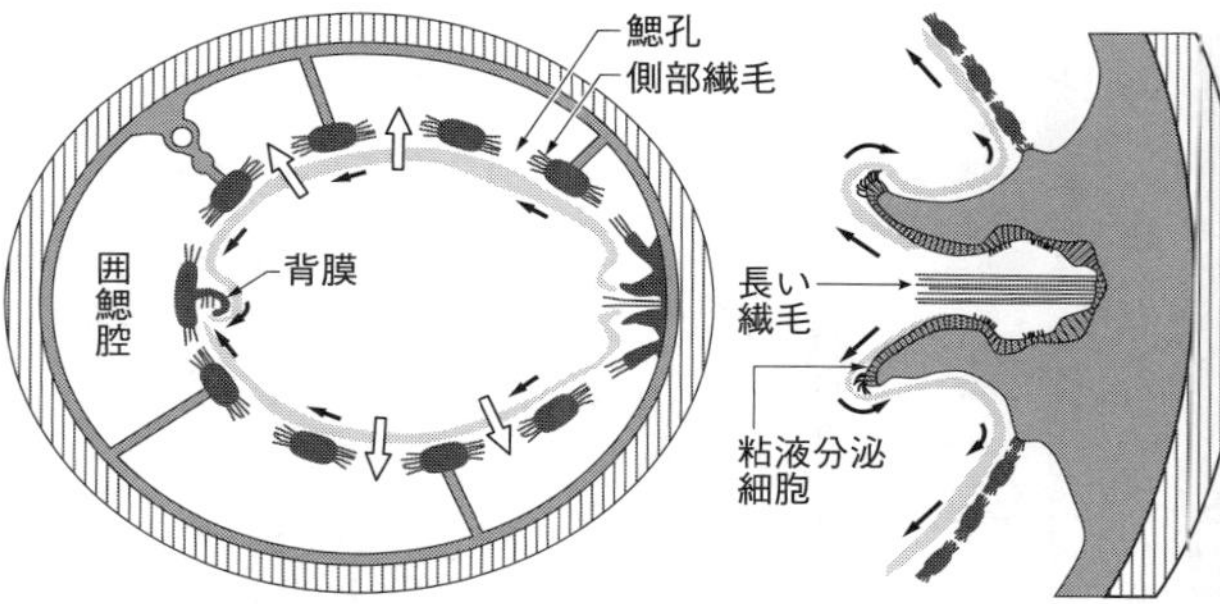

6－5　**ホヤの横断面**　図6－4の▶のところで切ったものと、内柱部の拡大図。白抜き矢印が水流、黒い矢印が粘液の動きを表す

籠は、竹ひご（幅がちょっと広くて厚さは薄いもの）で編んだ籠のようなもの。籠の網目の孔が鰓孔で、ひごの薄いへり（つまり網目のエッジ）には側部繊毛が並んでいる。だから鰓孔は、ぐるりと側部繊毛の列で取り巻かれていることになる。この繊毛が水を掻《か》くと、鰓籠のなかの水は鰓孔をとおって、鰓籠を取り巻く囲鰓腔へと流れでる。鰓籠の腹側に内柱という柱が、上から下へと走っている。また、背側には背膜が、やはり上から下へと走っている。

ホヤの場合、餌を濾しとるのは内柱の細胞が分泌する粘液である。分泌された粘液は、内柱の長い繊毛によって鰓籠の内面に沿って帯状に送りだされていく。図では省略したが、鰓籠を編むひごの内表面にも繊毛があり、粘液の帯は繊毛に運ばれて籠の内表面上を移動し、籠の網目の上を通るときに、水流に乗ってくる有機物を濾しとって集める。そうして餌を集めつつ、粘液の帯は背膜へとたどりつく。背膜は鰓籠の上から下へと走っているベルトコンベアだと思えばよい。ベルトの表面には繊毛が生えており、これが打つことにより、食物粒子のからまった粘液は胃へと送りこまれる。

内柱から分泌される粘液は糖タンパクでできた非常に細かい網目状のもので、目のサイズは二〇〇〇分の一ミリ。これだけ網目が細かいため、プランクトンもバクテリアも濾しとることができる。

なお、粘液にはヨードが含まれている（その意味は不明だが）。つまり内柱とは、咽頭の腹面にあってヨードを含む粘液を分泌する分泌腺。これが脊椎動物においては機能を変化させ、内分泌腺である甲状腺になった。甲状腺はヨードを含むホルモン（チロキシン）を分泌する。

3　群　体（尾索類の特徴三）

ホヤのなかには、群体になる種が多数あり、群体になることを尾索類の特徴にあげてもよいと思われる。群体とは、無性生殖で増えた個体どうしが体の一部がつながったままになっているもの。ホヤの場合、群体中の個虫は共通の被嚢の中に入っており、さらに個虫どうしが血管でつながっているものもある。

群体のつくり方

群体のつくり方にはサンゴ同様、①分裂と②出芽がある。分裂とは親の個虫が体を分割して子の個虫になるもの。出芽とは、親の体の一部から芽が出て子の個虫へと成長するものである。

①分裂　ミナミシモフリボヤは分裂で増える。この個虫は体長数ミリで、ランプのホヤ形の太った部分から、「しっぽ」が細くのび出ている。太った部分に鰓籠があり、しっぽに胃腸・生殖巣・心臓が入っている。

このしっぽに次々とくびれが入っていき、くびれの一つひとつが個虫になる。できた個虫は共通の被嚢の中に入ってはいるが、体は完全に分離している。それが皆、体を回転させて親の方向を向き（しっぽが親と反対方向になるようにして）、親のそばへと被嚢中を移動していく。たどりついたら親の出水孔近くにめいめいの出水孔を近づけて共同の排出腔をつくり、その共同排出腔を中心にして、個虫が放射状に配列した一つのシステムをつくりあげる。大きな群体になると、このようなシステムをいくつも含んでいる。

共同排出腔をつくる利点は二つ考えられるだろう。一つは、個虫の入水孔のすぐそばに隣の個虫の出水孔が来てしまうと、他人が捨てた水を吸い込むおそれがあるが、共同排出腔を

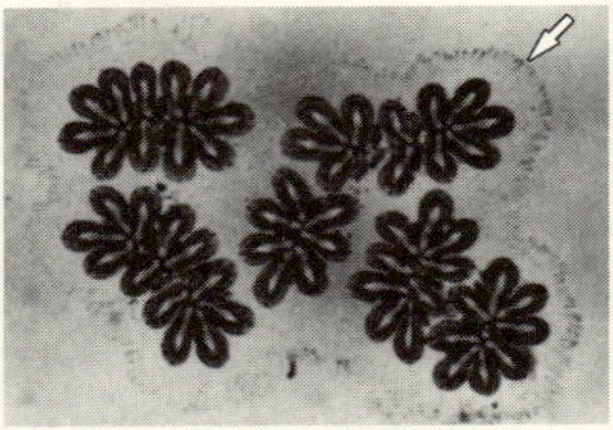

6－6　**ウスイタボヤの群体**　米粒大の個虫がシステムをつくり、それらが共通の被嚢に入って群体になっている。矢印は被嚢と外との境界

中心にして各個虫が入水孔をその反対側に配置したならそれが防げること。もう一つは、共通で流れをつくる方が水の抵抗が少なくなって排水の流速が大きくなり、（ベルヌーイの定理により）各個虫から排水が吸い出されることになって、摂食の水流をより楽に起こせることである。

②出芽　体壁に膨らみ（芽体）が生じ、それが子の個虫になるのが体壁出芽。芽体は、たいていは、岩に着いている面にできる。コバンイタボヤでは、子は次々に親の隣に一層に並び、薄く板状に広がった群体をつくる（だから板海鞘《いたぼや》）。夏だと、米粒大の個虫一個からはじまって、一ヵ月で直径一〇センチメートルほどの群体になる。

「茎」を使って出芽するマメボヤというものもいる。イチゴやシバ、オリヅルランなどの植物では、地を這う茎（匍匐茎《ほふくけい》）から子の個体が生じるが、マメボヤも似たやり方をする。匍匐茎に対応するものがホヤでは芽茎。芽茎出芽の結果、芽茎のネットワークに粒状の個虫が点々と付着している形の群体をつくる。芽茎は薄い体壁をかぶった血管で、被嚢中の血管が外へのび出たものだと思えばよい。血管の中は中央分離帯のように隔壁で仕切られており、行く血液と帰る血液とが混じり合わないようになっている。出芽が起こる際には、血球と隔壁の細胞が芽茎の途中に集まって芽体となり、それが子へと育つ。

やはり被嚢の血管が関与するのがミダレキクイタボヤの出芽。ホヤは開放血管系であり、個虫の体内においては、血管の末端は開いていて血液は組織間へと流れ出ていく。しかし、被嚢の血管は末端が開いておらず、少し膨れた袋（アンプラ）で終わっている。このアンプラの基部に血球が集まり、それを血管壁の細胞が取り囲んで芽体ができ子へと成長する。

雑学を二つ書き加えておく。まずはホヤの心臓について。アンプラで血管が終わるとは、血管は袋小路になっているわけで、これでは血が滞って困ると思うかもしれない。しかし心配は無用。ホヤの心臓は打つ方向が逆転し、血液を定期的に逆に流す。だから行き止まりでも問題が生じない。心臓は管状で、収縮の波が管の端から端へと伝わっていき、中の血液をしごいて押し出す。その波の伝わる方向が逆転するのである。

次にアンプラについて。注射薬の入った小瓶をアンプルと呼ぶが、動物学では一般に、液の詰まった小さな膨らみをアンプラといい、棘皮動物のところで出てきた瓶嚢《びんのう》はアンプラの訳である。アンフォラ（古代ギリシャの両側に取手がついた壺）に由来する語。

群体をつくる動物たち

さまざまな動物群で群体をつくるものが見られている（表）。

刺胞動物門	造礁サンゴ、宝石のサンゴ、ソフトコーラル、イラモ、カツオノエボシ
曲形動物門	ウミウドンゲ
苔虫動物門	コケムシ
半索動物門	フサカツギ
尾索動物	ホヤ、サルパ、ウミタル

6－7　ソフトコーラル

刺胞動物　造礁サンゴは第1章の主役であり、これは花虫綱六放サンゴの仲間。その親戚に八放サンゴがおり、これには宝石のサンゴが含まれる。宝石サンゴの群体は木の形をしており、深い海で流れのあるところに陣取り、有機物やプランクトンをつかまえて食べる。深海性だからもちろん光合成をする褐虫藻を体内に宿しているわけではない。それなのに造礁サンゴと同様、木の形という丈高く表面積の大きい形をとっているのは、流れに触れる面積を増やしてより多くの食物粒子を集めるためである。同じ八放サンゴでもサンゴ礁に住むソフトコーラル（ウミキノコやウミアザミなど）の群体は、造礁サンゴ同様、褐虫藻を体内に共生させている。「軟らかいサンゴ」と呼ばれるのは硬い骨格をもっていないから。骨が小さな骨片となって体内に散在しているところはナマコと同じ。さらに体に毒をもっている点も共通しているが、それは殻を失ったかわりに、身を守る上で同様な対策をこうじたからだろう。

刺胞動物門には花虫綱の他にヒドロ虫綱や鉢虫綱もある。ポリプしかみられない花虫綱とは異なり、これらは固着性のポリプの世代と浮遊性のクラゲの世代を交代する世代交代を示す。群体がみられるのはポリプの時代である（例外あり）。鉢虫のクラゲは単体で大きく、直径が一メートル近くになる大物もいる。ふつうにクラゲと言うときには鉢虫のクラゲを指す。鉢虫のポリプは小さく、数ミリから数センチ程度。木や羽のような群体をつくるものもいる（たとえばイラモ、モ＝藻類のような形で、ふれると刺胞にさされてイラっとするという命名）。

ヒドロ虫のクラゲは鉢虫のものよりずっと小さい。ヒドロ虫でもポリプの時期に群体になるものが多い。ハネガヤやハネウミヒドラなどは群体が羽ペンの形で、ペン先で固着している。木の形のものも多い。サンゴ礁をつくるサンゴにも、例外的だがヒドロ虫の仲間であるアナサンゴモドキがおり、樹の枝の形、塊状、板を垂直に立てたような形と、群体の形がいくつかある。アナサンゴモドキは強力な刺胞をもつので要注意動物である。ヒドロ虫綱の中にはクダクラゲ目という仲間がおり、これは群体をつくって大きな浮遊性のクラゲになる。たとえばカツオノエボシは青いきれいなクラゲで、烏帽子《えぼし》のような体と数メートルにおよぶ長い触手をもつ。触手には強力な刺胞があり、刺されると感電したようなショックと激痛が走るので、電気クラゲとも呼ばれ悪名が高い。烏帽子の部分がガスの詰まった袋になっており、これを浮きにして海面を漂う。烏帽子から水面下に長い触手が何本も垂れ下がっており、これに触れたものを刺して捕らえて食べる。けっこう大きな魚もつかまえる。とても群体には見えないが、カツオノエボシの体は形と機能の分化したたくさんの個虫で構成されており、しかも個虫の壁はとりはらわれているので一個体とみまがうような群体をつくり上げている。

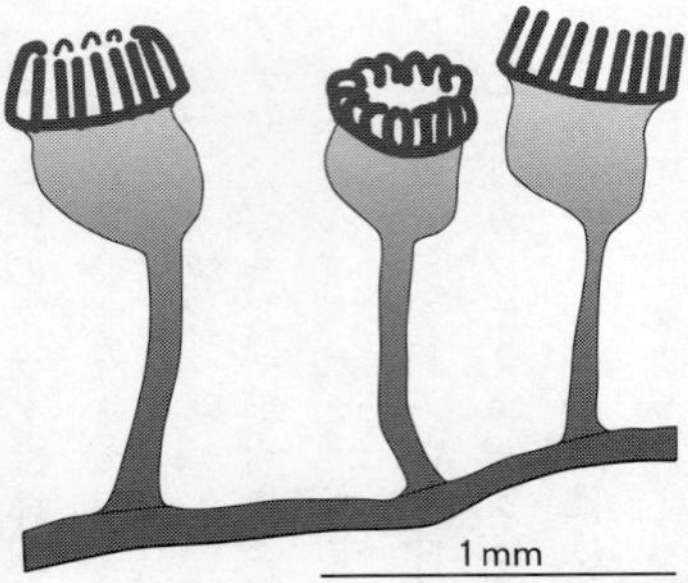

6－8　内肛動物

曲形動物（内肛動物）　スズコケムシやウミウドンゲの仲間である。「コケムシ」の名が示すように、次に述べる苔虫《こけむし》動物と、以前は同じ仲間とされ、肛門の開く位置が触手冠の内側か外側かで、内側のものを内肛《ないこう》動物、外のものを外肛《がいこう》動物として区別していた。曲形動物（内肛動物）の個虫は微小なワイングラス形であり、柄で基盤に付着している。この動物は、時々柄を曲げてグラスの本体を振る（ちょうど頭を下げてうなずくような）行動を示す。そこで曲形動物という名がついている。ワイングラス全体の長さは一ミリ程度。グラスのへりには冠《かんむり》のようにぐるりと触手が生えて触手冠を形成している。この触手に繊毛が生えていて、これで流れを起こし、触手が分泌する粘液で有機物の粒子や小さな植物プランクトンを濾しとって食べる。個虫の柄が枝分かれして群体となったり、海底の基盤上を這う走根（匍匐茎のようなもの）からいくつもの個虫がのびて群体をつくったりする。

苔虫動物（**外肛動物**）　個虫は〇・五ミリ程度で、一つひとつが殻の中に入っている。殻は箱形や円筒形で、殻が連なって群体をつくる。コケのように基盤の表面を薄く覆う群体や、基盤上に草の茂み状や樹状の群体をつくる。

殻は外骨格であり、キチンなど有機質製のものも、炭酸カルシウム製の硬いものもある。殻の天井部分に孔があり（種によってはそこに跳ね上げ式の蓋があり）、その孔から触手冠をのばす。触手の表面に生えた繊毛が流れを起こし、それに乗ってきた小さな植物プランクトンを捕まえて食べる。

半索動物　ギボシムシ類とフサカツギ類とが半索動物であるが、群体をつくるのは後者。ちなみに「半索」の索は脊索の索。この仲間は口索（口盲管）という咽頭の背面の壁からのびでた構造をもっており、以前はこれが脊索にあたると考えられていた。この考えは今では支持されておらず、「半索動物は脊索をもつから脊索動物の仲間」とはならないが、鰓裂があることなどから、やはり脊索動物と類縁だとみなされている。脊索動物も棘皮動物も新口動物に属しているが、半索動物は棘皮動物により近い仲間のようだ。

フサカツギの個虫は数ミリ程度の大きさで、管を分泌する。管は岩や死んだ貝殻など硬いものに付着し、個虫はその管の中に入っている。各個虫の管がつながってネットワーク状の群体を形成する。個虫は管の先から一対（もしくは数対）の腕を外にのばす。腕（触手腕）の両側には根元から先端まで、突き出すように触手が生えており、全体として翼のように見える。二枚の翼を背中にかついだ姿がちょうど天使のようだというので、この動物を「海の天使」と英語では呼ぶ。日本では房をかついでいると見立ててフサカツギ。触手には繊毛が生えており、これで流れを起こして餌を捕まえる。

群体性動物は体のつくりが単純

以上みてきた群体性の動物は、ほとんどが固着性の濾過摂食者である。群体は造礁サンゴのように直径が何メートルにもなるものをはじめとして、それなりの大きさがあるが、個虫はみな数ミリ程度と小さく、それぞれの個虫が分泌してつくった外骨格の中に入っている。感覚器官、筋肉、中枢神経系などが発達しておらず、いたって簡単な体のつくりをしたものが多い。これは、一つには、動かない生活への適応の結果である。もう一つの理由は、濾過摂食をするため、小さくて消化しやすい粒子のみを食べており、消化器官が単純で済むこと。まだ理由がある。濾過摂食者であれ光合成に頼るものであれ、群体はより多くの餌や光をとらえるために表面積が大きくなるような体のつくりをしている。その広い表面を酸素を取り込むことや排泄に使えるから、発達した呼吸器官も排泄器官も必要ない。以上の理由から、器官がすべて単純で済むためスペースをとらず、おかげで個虫は小さくてよくなる。小さければ体の内部へ酸素や栄養を運ぶ血管系もそれほど発達させる必要もなく、さらに小さくて済むわけだ。そして小さいと体の割には表面積が大きくなるのだから、体重（生きた組織の量）あたりの餌の獲得量も酸素供給量も大きくなり、ますます体は小さくてよくなるのである。群体性のものには、カツオノエボシのように浮遊性のものも少しはいるが、これらも積極的に餌を求めて泳ぐものではなく、たまたま触手にひっかかったものを捕まえて食べており、個虫の体のつくりが単純で済むことに変わりはない。

外骨格と成長の問題

固着性の群体は、どれも外骨格で体が包まれている。そこで思い出していただきたいのは、外骨格で体が包まれたものは、昆虫であれ貝であれ、体を成長させるのに苦労していたこと。この点を、サンゴやコケムシはどのように解決しているのだろうか。

じつは彼らは成長しない。群体を構成している個虫はすべて数ミリ程度とごく小さい。そこまでのサイズになるのは、成長と呼ぶよりは発生の過程と呼んでもよいだろう。昆虫だってそんな小さい段階では脱皮しない。だから、サンゴもコケムシも、個体の成長はしないと言ってもいい。成長するのは、群体としてなのである。彼らは「外骨格が、個体の成長の上で大問題を突きつけてくるんだったら、成長などしない。代わりに個体をどんどん積み重ねて、群体として成長する!」と、逆転の発想で解決してしまったわけだ。

本書には今まで、外骨格で体を覆っているさまざまな動物が登場した。彼らが体を大きく成長させるやり方をまとめると、以下のようになるだろう。①昆虫のように殻を定期的に脱ぎ捨てて大きくなる、②貝のように対数ラセンの形をとる、③サンゴやコケムシのように、個体としての成長はせず、その代わりに群体として成長する、④ホヤのように、殻(被嚢)の中に生きた細胞を配置し、その細胞の働きにより、被嚢も体の成長にあわせて大きくしていく。そして番外として、⑤棘皮動物のように、内骨格を体の最外部に近いところに配置する。

群体は固着生活に適している

なぜ群体性のものには固着生活者が多いのだろうか。その理由は、群体が以下の①〜④にあげたように、固着生活に適したさまざまな利点をもっているからである。

①良い場所を確保し続ける　固着生活において、土地はかけがえのないものである。餌が豊富に手に入る場所を確保できなければ生きてはいけない。流れによって有機物がどんどん運

ばれてくる場所や、陽当たりの良い場所は大切な財産。いったんそんな場所を手に入れたら、できるだけ長くそこを確保し続けるのがよい。とはいえ、個体（個虫）の命にはどうしても限りがある、つまり死ぬ。

そこで群体の出番なのである。自分は死んでも隣には自分の分身がいる。だから、自分は死なないとも言えるわけだ。つまり群体になって無性生殖をし続ければ不死になり、ずっと良い場所を確保できる。もちろん群体であっても、食べられたり環境の変化により全滅することはある。だから永遠に続くものではないが、それでも群体の寿命は個虫の寿命よりはるかに長い。群体になれば、良い場所を子々孫々まで伝えられる。さらに群体だと隣へと群体を成長させることにより、占拠している面積をどんどん広げていくことが可能になる。

②大きくなれる　われわれは大人になれば成長が止まる。達しうる体の大きさに限界がある。生涯成長し続ける動物もいるが、寿命がかぎられているから、体がどこまでも大きくなれるものではない。ところが群体なら個体の大きさをはるかに超えた大きさになることができる。とくにサンゴやコケムシのように石灰質の殻をもつものでは、死殻の上に子の個虫が成長できるため、死んでしまったものも子孫の体を大きくすることに寄与できるため、群体はどんどん大きく育っていく。

この「体が大きいこと」が、固着性のものにとって大きな利点となる。そもそも濾過摂食者にしても、造礁サンゴのように光合成するものにしても、餌や光を得られる量は体表の面積に比例するのだから、体は大きい方がいい。それに、丈が高ければ他のものの陰になる心配がない。また、基盤に接している水は止まっており、基盤から一定の距離だけ離れないと、水は自由に動けない。この水の動きにくい層を境界層というが、丈の高い濾過摂食者は、この境界層の外側の、より流れのあるところで摂食が可能になる。さらに、群体が大きくなって多数の個虫が協働して流れをつくれば、楽に流れを起こせるようになる（ミナミシモフリボヤの共同排出腔もこの一例、二四一ページ）。

③群体は、環境に合わせて形を変えられる　群体だと大きくなれるだけではなく、形を変えるのも容易である。サンゴは、光の方向に個虫を付け加えて群体を成長させていくし、一定の方向から流れの来る場所では、流れで折れないように群体の枝を流れに沿うようにのばすサンゴもいる。自由に動ける単体性の動物では、強い風がきたら隠れるか体の向きを変えていなしてしまえるし、日向ぼっこしたければ陽あたりのいい場所に移動できる。固着性のものは、それができない。しかし、固着性であっても群体になれば、全体の形を変えることにより、陽あたりや流れの向きに対処できる。環境に合わせて形を変えられるのである。

④捕食に強い　固着していれば逃げられないのだから、捕食者対策が生き残る鍵となる。そして、群体になると、捕食に強くなる、つまり食べられにくく、また、たとえ捕食を受けて

も生き残る確率が高くなるのである。

捕食者はふつう、自分よりずっと小さいものを餌とする。群体になると大きくなれるため、捕食されにくくなる。また、たとえ群体のほとんどが食われてしまったとしても、ごく一部の個虫が残っているだけで、それからまた群体を再生できる。個虫は小さいものだから、捕食者の見落としにより、無傷な個虫が食い残される可能性は高い。

群体と単体の個体とで、捕食者に一部を食われた場合を比較してみよう。単体性の個体の場合、たとえば体の末端である脚先だけしか食われなかったとしても、もし餌を捕食するタイプのものなら、もう狩りができずに致命傷。単体性のもの、とくに運動指向型のものは複雑な体をもっており、この例で言えば、脚の一部でも失ってしまえば捕食機能も逃走機能も完全に喪失し、万事休すなのである。ところが群体の場合、たとえば個虫一〇〇個でできた濾過摂食者の群体のうち九〇個が食われたとしても、濾過摂食機能の十分の一は健全であり、たとえ群体サイズは小さくなっても致命傷とはならない。

もちろん群体性のものが外骨格の殻で覆われていることは、捕食されにくい点の最初に挙げるべきものだろう。外骨格は捕食に対する良い防御となり、また強い流れから体を守る役目もはたしている。

群体はユニット構造

ホヤもサンゴも、群体中の個虫は形も遺伝子も同じ。また、個虫は小さくて体のつくりが単純。つまりそんな簡単な同一のユニットを連結していったのが群体。同じユニットだけをどんどんコピーしてつくっていけばいいのだから、つくるのも簡単で安あがりにでき、おかげで大きな体を低コストでつくり上げることが可能になってくる。また、体の一部をかじられてしまっても簡単に再生できる。群体の成長していくサイズには制限がなく、群体の寿命にも制限がない。だからこそ大東島《だいとうじま》や沖永良部島《おきのえらぶじま》のようなヒトが住める島までをも、サンゴはつくってしまえるわけだ。

群体マーチ

群体ぐんぐん　占領していく
群体　海底　占領してく
占領したなら　あけ渡さないぞ
子々孫々まで伝えていくぞ！

動物群体　ユニット構造
無性生殖で　手軽にふやすユニット
個体は食われる　寿命もくるが
群体になれば　ずっと長生き

動物群体　ユニット構造
ユニット一つが　動物個体
ユニット構造　建て増し自由だ
群体ぐんぐん　成長していく

第7章　四肢動物と陸上の生活——脊椎動物亜門

脊索動物の三番目の亜門は脊椎《せきつい》動物である。脊椎をもつ動物。脊は背、椎は「鉄椎を下す」の「つい」で椎《つち》（槌）。金槌も木槌も円柱状の頭部から握るための棒が出ているが、脊椎骨がそれに似た形をしていることによるらしい。

脊椎動物はごくおおざっぱに、水に住む魚と陸の四肢動物とに分けられる。四肢動物（四足動物）は四本の肢をもち、魚から進化した。最初の四肢動物が両生《りょうせい》類であり、両生類から爬虫類が進化し、爬虫類から鳥類が進化した。哺乳《ほにゅう》類は、すでに絶滅した単弓《たんきゅう》類から進化してきた。単弓類は、以前は哺乳類型爬虫類と呼ばれ、爬虫類の中に入れられていたものである。単弓類と爬虫類は共通の祖先をもつ。すなわち両生類からその共通祖先が進化し、それが二系統に分かれて、一方は哺乳類へ、他方は爬虫―鳥類へと進化してきた。

頭索動物も尾索動物も水中の濾過摂食者であるが、脊椎動物の祖先の無顎《むがく》類もそうだった。海底の有機物を吸い込み、エラで濾しとって食べる生活をしていた。名前のとおり、この仲

脊椎動物亜門（約６万種、全動物種の約５％）
　無顎上綱（顎のない魚、ヤツメウナギ、ヌタウナギ）
　顎口上綱（顎をもつもの）
（以下の３つは、いわゆるふつうの魚、約３万種）
　1　軟骨魚類綱（サメ、エイ）
　2　条鰭《じょうき》綱（真骨魚《しんこつぎょ》。サンマ、マグロ、魚の大半がこれで、脊椎動物の種の約半数を占める）
　3　肉鰭《にくき》綱（シーラカンス、肺魚。この仲間から四肢動物が進化）
（以下の４つは四肢動物、脊椎動物の種の約半数を占める）
　4　両生綱（約6500種）
　5　爬虫綱（約8700種）
　6　鳥綱（約１万種）
　7　哺乳綱（約5500種）

間には顎が無い。細かい粒子を吸い込む食生活に、顎の必要はなかったのである。

現在生き残っている無顎類は少ないが、その一つにヤツメウナギがいる。成体は他の魚に吸いついて体液を吸う。しかし幼生は先祖同様、泥中の有機物を濾して食べている。ヤツメウナギは終生にわたって脊索をもち、椎体（脊椎の主要部分を構成する骨）と呼べるものがない。そこで「お情けで」脊椎動物に入れられていると言われることもある。

無顎類に次いで、顎のある魚（顎口類）が登場した。顎があれば餌に食いつけるため、捕食者への道が開けた。捕食者になるには速く泳ぐ必要があり、それに寄与したのが脊《せき》柱《ちゅう》（いわゆる背骨）だった。

脊柱の進化は淡水域で

脊柱は脊椎（脊椎骨、椎骨ともいう）というユニットが一列に連なってできた支持構造である。脊索動物はみな脊索が前後に走り、脊髄（中枢神経）も、脊索のすぐ上（背中側）を脊索と並んで走っているが、脊柱はこれら二つを包み、脊髄を保護するとともに脊索の支持機能を強化する役目をはたす。

脊椎は二つの要素、神経弓と椎体（椎心）とからできている。神経弓は背側から脊髄を覆い、椎体は腹側から脊索を覆うが、多くの場合、椎体は完全に脊索を包み込んで管状になっているため、横断面で見ると、○の椎体上に、逆さY字形の神経弓が乗った形になる。

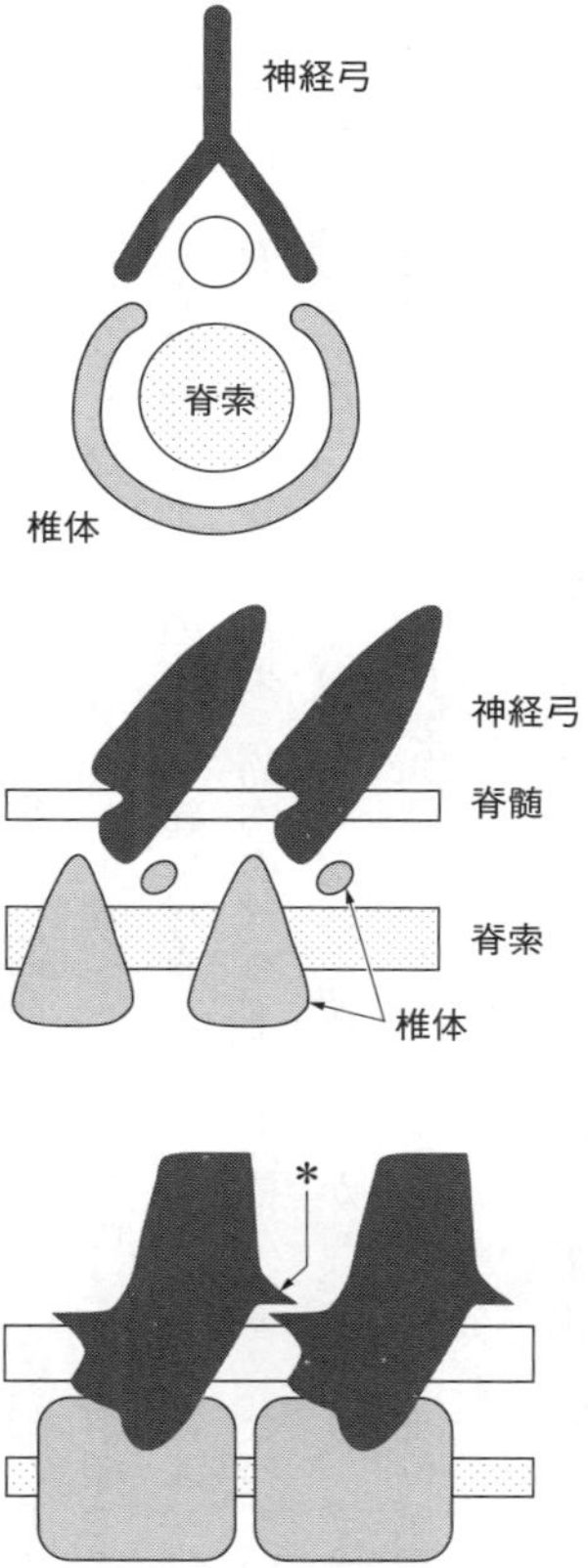

7－1　**脊椎**　上と中は肉鰭類のユーステノプテロン（両生類の祖先に近いと考えられている魚類）。上は横断面、中は縦断面。この例のように初期の脊椎動物では、椎体が複数の要素でできていた。下は両生類で＊が関節突起

神経弓からは長い突起が上にのびて後方に湾曲している。この突起に筋肉が付着し、その筋肉を使って体をくねらせて泳ぐ。より正確にいうと、筋肉は結合組織でできた膜に付着しており、この膜が神経弓からのびる突起に付着している。この突起のおかげで、脊椎に付着できる膜の面積が増え、その結果、筋肉の付着できる面積が大きくなっているわけだ。つまり、この突起があるとより多くの筋肉を遊泳に使うことが可能になり、遊泳能力が高まるのである。以上は脊椎のごく基本的な構造であり、分類群・種・体の部位が異なれば、脊椎にはかなりの違いが見られる。

初期の魚類では、脊椎は軟骨でできていた。それが後の進化において、じょじょに硬骨(ふつうの骨)に置き換わっていった。ヒトのように脊椎がすべて硬骨でできている場合でも、個体の発生過程においては、まず軟骨で脊椎がつくられ、それにリン酸カルシウムが沈着して硬骨となっていく。

脊椎のおかげで速く泳げるようになったのだが、脊椎の進化を見ると、最初の機能は、速く泳ぐこととは無関係だったようだ。脊椎動物の祖先である無顎類は海で進化し、淡水域へも進出した。顎口類の進化がどこで始まったかは定かでないが、非常に早い時期の顎口類がすでに淡水で見られており、脊椎は淡水の顎口類で進化したと考えられている。初期の脊椎の機能は体の支持というよりは、淡水中で不足するリンやカルシウムの貯蔵場所だったと想像されている。顎口類の魚は淡水中で多様化し、ふたたび海へ戻っていった。

顎口類から四肢動物へという進化も、淡水域で起きたと考えられている。ティクターリク（「大きな淡水魚」を意味するイヌイット語）は魚と四肢動物の中間の形質を示すデボン紀後期（約三億七五〇〇万年前）の肉鰭類である（図7—3、二八三ページ）。その名のとおり体長は三メートル近くもあり、淡水の浅瀬に住んでいた。淡水域とは脊椎動物の進化において、重要なできごとが繰り返し起きた場所だったのである。

表7－1　陸上と水中、どちらが暮らしやすいか

		陸	水
1	水の入手・乾燥の危険	×	○
2＊	姿勢維持・歩行	×	○
3＊	食物の入手と消化	×	○
4	窒素代謝物の処理	×	○
5	生殖・子孫の分散	×	○
6	温度の安定	×	○
7	酸素の入手	○	×

1　陸上の生活

陸にまず上がったのは植物である。植物にとって陸は水の入手や姿勢維持という難問はあるものの、水中とは違って光を吸収してしまう水の層がなく、また土があって体を固定できるという利点がある。地上は光を浴びてさかんに光合成するには良い環境なのである。植物に次いで節足動物が上陸して植物を餌とし、さらに四肢動物が上陸して節足動物を餌と

した。初期の四肢動物はすべて肉食である。

動物には三二の門があり、そのうちの一三門に陸上生活者がみられるが、大半は土の中や湿った場所、もしくは他の動物の体内に住むものであり、乾燥地帯をふくめ陸上のさまざまな環境で繁栄しているのは節足動物と四肢動物だけである。

陸の生活と水中とで、どちらが暮らしやすいかを比較してみよう（表7—1）。暮らしやすい方に○、逆には×がつけてある。表を見ると陸は×ばかり。陸の暮らしは大変なのである。その困難をのりこえて四肢動物は陸へと進出していった。

表の項目一つひとつについて、四肢動物は困難をどう解決していったかを簡単に見ていこう。＊をつけたものについては、後ほどさらに詳しく述べることにする。

①水の入手

生物の体は、重量でみると半分以上が水でできており、水がなければ生きていけない。水中なら周りにいくらでも水があるが、陸では水の入手が深刻な問題になる。入手だけではない。水を失うことも問題となる。陸では周りが乾いた空気だから、生物の体のように水っぽいものからは、水がどんどん蒸発して逃げていってしまう。そこで体表を覆ってそれを防がねばならない。昆虫では体表にあるクチクラのワックス層がその役目をになっていた。四肢動物ではグループによって異なり、爬虫類では鱗《うろこ》、鳥類は羽毛、哺乳類では毛がその役目をはたしている。

はもう一つの四肢動物である両生類ではどうかというと、羽毛も鱗ももっていない。じつは蒸発を防ぐものを、なんらまとっていないのである。両生類は魚から進化して最初に陸に上がった四肢動物である。魚には鱗があったが、それを両生類は脱ぎ捨ててしまった。魚の鱗は爬虫類の鱗とはまったく構造が異なるものではあるが、それでも体を覆って乾燥を防ぐのに少しは役に立ったかもしれない。ところが両生類はそれを水中に置いてきたのである。

鱗を脱いだことには呼吸が関係しているかもしれない。両生類では肺がそれほど発達しておらず、かなりの程度を皮膚呼吸に頼っている。酸素の半分以上は皮膚から取り込み、二酸化炭素の排出にいたっては、ほとんどが皮膚からである。皮膚呼吸のさまたげとならないよう、両生類は鱗を脱いでしまったと想像できないことはない。

両生類の皮膚は常にしっとりと濡れており、この水分に空中の酸素を溶かして取り込む。濡れていることは呼吸に必須なのだが、この濡れた皮膚から水分が失われていく。両生類は、以前は両棲類と書いた。幼生は水中、親は陸と、二つの環境に棲むから両棲類。卵や幼生は小さく、小さいものは体の割には体表面積が大きいから体が乾燥しやすい。そのため幼生は水から出られず、大きくなってから陸に上がる。それでも濡れた皮膚がネックになり、親になっても水辺を離れられないのが両生類である。

②姿勢維持・歩行

水中では大きな浮力が働く。生物の体は大半が水だから比重は一よりほんのちょっと大きいだけ。だから水中にいれば、体重のほとんどは水の浮力が支えてくれる。ところが空気の比重は水の八〇〇分の一だから、陸では体重の〇・一パーセントほどしか浮力が支えてくれない。水中で暮らしていた時の体のままでは自重で体がつぶれるおそれがあり、体を支える支持系が必要になる。支持系（骨格系）とは、重力、風や流れの力、（筋肉を用いて）自分で出す力と、どんな力が働いても、体がつぶれずにきちんと姿勢を保つための構造であり、陸の生物ではこれが大いに発達している（コラム）。陸では体を支えるのは大変なのである。

陸では歩くのも大変である。体をべったり地面に着けたままで這えば、ものすごく大きな摩擦が生じる。それを避けるには体を肢で地面から持ち上げる必要があり、これには相当のエネルギーがいる。鳥のように体を完全に空中に浮かせようとするなら、もっとエネルギーがいる。ところが水中なら、体がほとんど浮力で支えられるから、そんな苦労はない。水中にはさらに有利な点がある。水の流れに乗ってしまえば、何もしなくてもはるか遠くまで流れて行ける。陸では移動がきわめて大変。そこで陸の動物はいろいろと工夫をこらしてはいるのだが（後述）、大変さが減りこそすれ、なくなるわけではない。だからこそわれわれ人類は、道路網を整備して車を走らせ、飛行場をつくって飛行機を飛ばしと、移動手段に多大なエネルギーを投入して歩く大変さを補っているわけだ。

†コラム　支持系の種類

支持系にはいくつかの種類があり、建築になぞらえればこんなふうになる。

a　骨組み構造

四肢動物は細長い骨を組み合わせた骨格系で姿勢を保っており、これは柱と梁《はり》とを組み合わせて建てる骨組み建築にたとえられる。この骨組みに膜やひもで臓器を吊って固定し、骨組みの最外側にも膜を張って覆う。骨組みどうしをつなぐのもひもである。これらの膜やひもはおもにコラーゲン繊維でできており、膜としては皮膚や腸間膜など、ひもには腱や靭帯などがある。骨組み構造は、骨と骨の接合部で変形が可能であり、また、長い骨はたわむため、柔構造の建物や、動物というよく動くものに適した構造である。

b　モノコック構造

昆虫は硬いクチクラで体全体を覆って姿勢を保つが、これはモノコック構造である。小型車や鉄道車両でみられるもので、車体という一番外側にある殻が力を支える。モノはギリシャ語で一つ、コックはギリシャ語由来のフランス語で貝殻をさす。貝をはじめとする外骨格をもつものはモノコック構造である。この構造は、支持機能と外表面の保護機能とを殻に兼ねさせることができ、その分スペースの節約となる。空間に余裕のない小さな動物や車に適している。

c　レンガ積み構造

植物は細胞の一つひとつを硬く丈夫な細胞壁でできた箱の中に入れている。だから細胞はモノコック構造である。この箱を積み上げていって体をつくっていく。これはレンガ積みの家にたとえられるだろう。レンガという同一のユニットをひたすら積んでいけばいいので簡単。ただしレンガはばらばらになりやすいため、揺れに弱く、地震の多い地方には適さない。レンガ積みは動かない場合に適しており、コケムシなどの群体性動物がこれに当たる。

植物の場合には自分では歩かないが、風にそよぐ木々は相当動いており、それを反映してだろう、単なるレンガ積みではなくなっている。維管束という丈夫な柱を体の長軸方向に走らせて補強しており、鉄筋入りのレンガ積み建築だと言っていい。植物は、基本はレンガ積みなのだが、細胞はモノコック、鉄筋を通すところは一部、骨組み構造も採用している。

d　膜構造

ふくらませた風船のようなもの。つまりしなやかな膜でできた袋の内部に、水や空気をつめ込んでふくらませ、形を保っている構造。東京ドームは空気圧でふくらませている空気膜構造である。動物の場合には水がつまっているので「水膜構造」。動物細胞がまさにこれ。細胞膜でできた袋の中に水がつまっている。個体が膜構造のものにはミミズがいる。ミミズは体壁という膜製の袋の内側に体液のつまった大きな空間（体腔）があり、この中に臓器が浮いている。体壁は体腔内の水圧によってぴんと張ってふくらんだ形を保つ。これは水が力を支え、いわば水が骨の代わりをしているとみなせる状況であり、このような骨格を静水骨格（静水力学的骨格）と呼ぶ。

この構造は、中の水が抜けてしまうと全体はしぼんでしまうが、それを使って体をのび縮みさせているのがサンゴのポリプである。ポリプは中央部ががらんどうで、夜間はそこに口から海水を取り入れてのびた姿勢をつくる。一方、昼間には、水をはき出してしぼんでしまい、外骨格の穴の中に身をひそめる。これには捕食者である魚をさける意味がある。体の一部が膜構造をとっているものとしては、サンゴの触手やヒトデの管足があり、これらも内部の水の量を変えることによりのび縮みする。

③食物の入手と消化

水中の生物は体を支えるための硬い構造をもたないため、食物としては、じつに扱いやすいものである。また水中には生物の遺骸が分解された小さな粒子がたくさん漂っている。これはあらかじめフードプロセッサーで細かく粉砕されているのと同じ状態だから、かみ砕く手間が不要。さらに海水中には有機物が溶けており、これを体表から吸収する動物も多い。この場合は消化の手間がまったくはぶけてしまう。

それに対して陸の生物は、みな姿勢維持のための硬い構造をもっている。植物はご丁寧に細胞一つひとつを硬い殻でくるんでいるし、数の一番多い昆虫も硬い殻で体全体を覆っている。この殻を、まず何らかの手段で破壊しないと、中身を消化できない。そのためには丈夫な顎や歯による物理的な破砕や、長い腸を時間をかけて通すことによる化学的処理という前段階の処理が必要で、そうしてはじめて栄養分の消化吸収に取りかかることができる。

④窒素代謝物の処理

体をつくっているタンパク質は、日々分解されて新たにつくり直されている。タンパク質が分解されるとアンモニアが生じ、これは有毒。水の中なら体外に放出すればすぐに大量の水で薄められて流れ去るので問題ないが、陸ではそうはいかない。毒を捨てればそこにずっと止まって、身の周りを汚染してしまう。そこで陸上動物はアンモニアを無毒な尿素に合成して水に溶かして尿にして捨てる。ただしこうすると水が失われるため、鳥類などは水に溶けない尿酸にして固形物として排泄する。これは節水になってよいのだが、尿酸を合成するには、尿素をつくる時の三倍ものエネルギーがいる。そこでエネルギーコストと、失われる水分を天秤《てんびん》にかけ、動物たちは尿素にするか尿酸にするかを選択している。

⑤生殖・子孫の分散

体の小さなものほど体の割には表面積が大きいため、水が逃げていきやすい。だから体の極端に小さい時代（卵・精子・幼生の時期）は、陸上生活者にとって最も乾燥しやすい危険な時期なのである。両生類はこの時期を水中で暮らす。その他の四肢類では、卵や精子が体外の乾燥した環境に直接ふれないよう、交尾をして雄が雌の体内に直接精子を送り込み、雌の体内で受精させる。

爬虫類、鳥類、哺乳類の三つはまとめて有羊膜類と呼ばれる。胚（発生初期の個体）が羊膜でできた袋で包まれているからである。袋の中は水（羊水）がつまっており、胚はこの水中で育つ。袋は、爬虫類・鳥類では丈夫で乾燥しにくい卵殻に包まれて母体の外へと生み出される。哺乳類の場合には、袋が母の子宮内に入ったままで胚は育っていく。羊水とは母が子に用意した胎内の海だと言えるだろう。「仏蘭西《ふらんす》人の言葉では、あなた（母 mère）の中に海（mer）がある」（三好達治）。

陸ではこれほどまでに生殖に手間がかかるのだが、水中では、事態はいとも簡単。乾燥の心配はないし、まわりの水はそれなりに動いており、また短距離なら精子も泳いでいけるから、体外に卵と精子を放出するだけで受精が起こせてしまうのである。

受精して子ができたら、子どもたちを広い範囲にちらばらせるのがいい。こうすれば分布域が広がるし、遺伝子の多様性を確保する上でもこれは重要である。ところが、陸ではそれをするのにコストがかかる。体が小さいと陸での長距離移動が難しい。脚が短いこともあり、同じ距離を歩くにも、体重あたりで比べると、小さなものは大きい動物に比べてより多くのエネルギーが必要になる。そして体が小さい分、エネルギーの蓄えが少ないため、とても長距離移動はできないのである。

だから陸上で遠くへ移動するのは、大きく成長した後の時期になるが、大きな体で遠くまで移動するのは、大きな荷物を運ぶのと同じだから、コストはばかにならない。ところが水中では、幼生が水流に乗って遠くまで流れて行ける。小さければ相対的に表面積が大きいから沈みにくく、かつ流れを受けやすく、乾燥の心配がないので幼生の姿で長期間漂うことが可能だからである。そこで水中生活者においては、幼生が子孫をひろくばらまく役割を担うことが多く、これは成長した後に移動するよりコストがはるかに少なくて済む。ただし食われるリスクは高まるため、たくさんの卵をばらまくことになる（おかげで濾過摂食者がうるおうことにもなる）。

⑥温度の安定

水は空気より温めにくく冷めにくい。水の比熱は空気の四・二倍あり、水の密度は空気の八三〇倍あるから、同じ体積の水の温度を一度上げるには、空気を暖めるより三五〇〇倍（4.2×830≒3500）もの熱を加える必要がある。だから水の温度は変わりにくいのである。水中生活なら水温は日々安定しており、変わるとしても季節の移り変わりにともなうゆっくりとした変化になる。そして冬でも凍る温度以下にはならない。水は〇度（海水はマイナス一・八度）で凍るが、氷は水に浮いてこれが断熱材として働くため、外でマイナス六〇度ものブリザードが吹いていても、氷の下は、凍らない水温に保たれている。

一方、陸の気温は冬と夏とで大きく異なるだけではなく、昼と夜でも一〇度程度は違う。日なたと日陰でも差があるし、また直射日光に当たればまわりの気温よりも体はずっと熱くなる。気温の変化はこのように大きいのだが、地面は空気よりもさらに暖まりやすく冷めやすい。体の小さな陸上動物は、腹のすぐ下に地面があり、その温度の影響を受けるから、体験する温度変化はきわめて大きくなる。さて、生きているとは体内で化学反応が進んでいることを意味し、化学反応の速度は体温の影響を大きく受ける。外界の温度が変わるごとに体温が変われば、体内の化学反応速度がふらふらと変動することになるわけで、これはじつに都合が悪い。まわりの温度が大きく変わりやすい陸とは、生物にとってまことに住みにくい環境なのである。

この問題を解決しているのが鳥や哺乳類。これらは恒温動物であり、自分で積極的に体温を一定に保っている。まわりが寒くなれば食物を「燃やして」発熱し、暑い時には汗をかいて体から水を蒸発させ、その気化熱で体を冷やす。ただしこうするには大量のエネルギーが必要となる上に、貴重品の水を失うことにもなる。恒温動物はみな陸に住むものだが、陸に住んでいるからこそ、多大なエネルギーを投入して、自力で体温を一定に保つ必要が出てくるのである。

鳥や哺乳類は爬虫類とは異なり、羽毛や毛で体表を覆っている。このことも恒温性と関係している。毛や羽毛が断熱材として有効なことは、ダウンのジャケットや毛糸の手袋で実感できるだろう。恒温動物は毛を身にまとって外気温の影響を受けにくくして自力で発熱する量を減らし、省エネに勉《つと》めている。毛が有効なのは、毛の間にためこまれた空気の層の断熱効果による。空気の熱伝導率は水の二五分の一しかなく、高い断熱効果をもつからである。ただし毛皮のコートは夏には暑すぎる。そこで夏は薄い毛、冬には厚くと、毛を生え換えさせる面倒が起こる。

⑦酸素の入手

陸で容易なのは酸素の入手だけ。陸の酸素濃度は海の三〇倍もあり、また空中を酸素が拡散していく速度も水中の八〇〇〇倍も速い。そのため、動物が盛んに酸素を使っても、すぐにまわりから酸素が拡散してきて補充する。だから虫は小さな穴一つ開けた箱でも飼えるが、水槽には空気の泡を絶えず吹き込んでやらねば、魚(とくに海水魚)はすぐに酸欠になる。

空中での呼吸は楽なのだが、だからと言って呼吸器官に何の工夫もほどこさずに、水中生活から陸上生活へと移行できたわけではない。呼吸器官が魚同様、エラのままでは上陸できないのである。理由は、エラは空中では働けないから。

エラは咽頭にある薄い板を何枚も重ねて層状にしたもので、この薄板の間を口からとり入れた水を流す。板の内部には血管が走っており、板の広い表面を通して酸素を血管内にとり込む。エラを空中で使えない最大の理由は、これら薄板どうしが表面張力でくっついてしまうこと。空気と水の境界面では、なるべく空気にふれる面を小さくする力が水に働く。これが表面張力である。動物は水に濡れた体の表面に酸素を溶かして体内にとり込むため、エラの薄板の表面は濡れている必要があるのだが、濡れた薄板は隣の薄板と表面張力によりくっつくから、酸素をとり入れる表面がなくなってしまう。

エラが空中で使いにくい理由はまだある。薄いひらひらの板は、浮力の支えのない陸では垂れ下がって、層の間の隙間をきちんと保つのが困難である。

そこで両生類は、上陸するにあたって肺を発達させた。肺はエラ同様に咽頭にある構造だが、積み重なった薄板ではなく、咽頭の一部が袋状にふくらんだものである。この袋に口から空気を送り込んでふくらませ、袋の壁に分布した血管内へと酸素をとり込む。ふくらんだ袋なら壁の内表面が濡れていてもくっつきにくい。

肺は両生類の発明ではなく、もともと魚に備わっていたものである。魚類は淡水で多様化した。大きな海と違い、小さな池や浅い川では干上がったり酸素不足におちいりやすい。そのような非常時に空気呼吸もできるようにと、肺がエラの補助器官として進化したらしい。淡水域の海に戻った魚では肺は不要になり、退化したり、浮力調節用の浮き袋に変化した。淡水域の魚では、肺魚のように今でも肺を活用しているものがあり、このような仲間から四肢動物が進化してきた。

陸では酸素の入手が容易である。ということは、エネルギーをたくさん使っても酸素不足にならないということ。動物の中で格段に多くのエネルギーを使うのが恒温動物である。恒温動物は変温動物に比べて一〇倍ものエネルギーを使う。これにみあうだけの大量の酸素を調達するのは、水中ではむずかしい。陸だからこそ恒温動物というエネルギー多消費型の生き方が可能なのである(もちろん陸だからこそ体温維持を積極的に行わなければならないのだが)。クジラやイルカは陸から海へと移住した後でも、肺を用いて空気呼吸を続けている。必要なだけの酸素を水中から得るのが困難なためである。

以上、表7―1の項目について、四肢動物の行った工夫をざっと説明したが、「姿勢維持・歩行」「食物の入手と消化」の二点を、さらに詳しく見ていくことにしよう。

2　姿勢を保ち、歩く

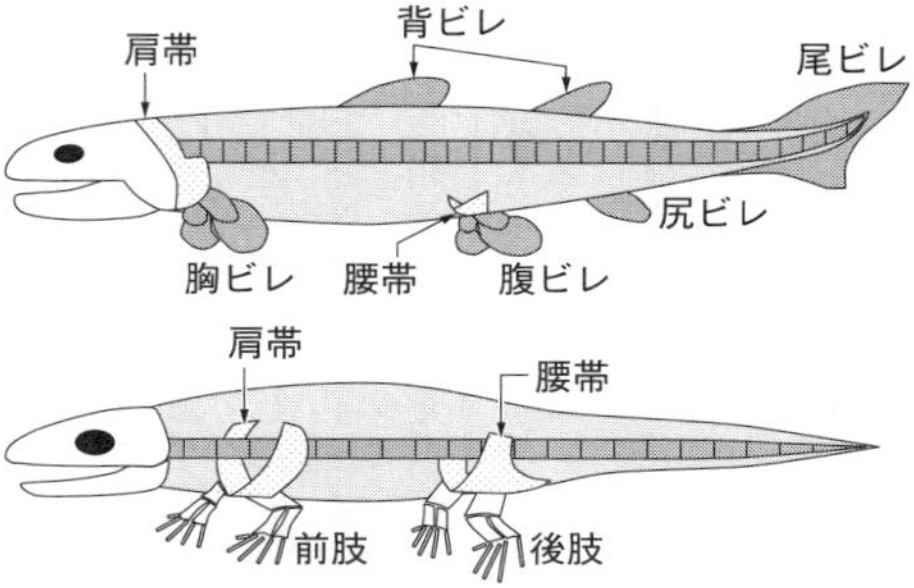

７－２　ヒレから肢へ　上が魚、下が四肢動物

上陸にともなう骨格系の強化

陸では体を地面からもち上げた姿勢を保つ必要がある。体がべったりと地面についていると都合が悪いからである。不都合な点は三つ。体の下面を地面につけて這うと、抵抗がものすごく大きくなること。体の重みで肺が地面に押しつけられてうまく呼吸ができないこと。体温が、地面の温度の影響を受けやすくなること。この三つ目をもう少し説明しておこう。地面は空気より暖まりやすく冷めやすいため、夏には地表の温度が気温より高く、逆に冬は低い。そのため体を地面にべったりつけていると、夏には熱が伝わってきて体がさらに熱くなるし、冬には体からどんどん熱が奪われてしまう。体をもち上げて地面との間に空気の層を置き断熱するに越したことはない。

そこで四肢類は四本の肢を登場させ、それで体を地面からもち上げた。ただし肢を生やしただけではだめ。肢で支えられた部分だけがもち上がっても、残りの部分が垂れ下がってしまえば元も子もない。体は横一直線の姿勢にピンと保たれる必要がある。

「肢」と「ピンとした姿勢」という二つの必要に対処するため、四肢類は祖先である魚類のもっていた運動器官と支持系に手直しを加えた。①支持系の手直しとして、脊柱を強化して上下に曲がりにくく垂れ下がらないようにした。②運動器官の手直しとしては、魚の前後にある対になったヒレを上肢と下肢に変えた。

①脊柱の強化

魚類から両生類になる際、重力で脊柱が垂れ下がらないようにこれを強化した。強化策としては三つ。一つ目は、各神経弓から突起（関節突起）を前後に伸ばし、前後の神経弓間を連結した（図7—1）。こうすると突起どうしがひっかかるため脊柱は背腹方向（上下方向）に曲がりにくくなる。二つ目。魚の椎体は軟骨の部分が多く、あまり骨化していないが、椎体をより重厚で骨製のものにし、そのかわり脊索を細くして、脊索の機能をより強力な脊柱で置き換えていった。三つ目は、より強力な筋肉を脊椎に付着させることにより脊椎間の結合を強化した。

②四　肢

ヒレ　まず魚の鰭《ひれ》について説明しておこう（図7―2）。ヒレには二種類のものがある。体の正中線上にあって上下に突きだしたもの。これが正中鰭《き》で、背鰭《せびれ》・尾鰭・臀鰭《しり》の三種。もう一種類が体側の両側に対になって突き出ている対鰭《ついき》。これには胸にある胸鰭と、より後方の腹鰭の二組が存在する。

ヒレのおもな役割は推進力をつくり出すことである。ヒレで水を押して魚は進む。水はさらさら流れていってしまうため、大量の水を押さないと反作用で前に進めない。そこでヒレという広い面積をもつもの（それに加えて胴の側面という広い面積をもつもの）を動かして、大きな体積の水を押す。背ビレと尾ビレの扇《あお》ぎ、体のくねりが魚の推進力をつくりだしているのである。魚によっては胸ビレで扇いで泳ぐものもいるが、これだとあまり速度は出せない。ただし左右の胸ビレの動きを制御することにより回転もバックも自由にできるため、たとえばサンゴの枝の間を自在に泳ぎ回る魚が胸ビレをよく使う。また一般に胸ビレは舵やブレーキとしても使われている。

ヒレには泳ぐ以外にもう一つの役割がある。体の安定である。水中だと浮力によって体はふわふわ浮いており、また、まわりの水は体のあらゆる部分にどの方向からも力を及ぼすから、体は安定しにくい。そこで平たくて表面積の大きなヒレを上下と左右の前後に広げることにより、体が横揺れも縦揺れもしにくくしている。また、魚の比重は海水より少々重いため、何もしなければ体は沈んでいってしまう。胸ビレを水平に突き出せば、これが翼の役割をはたして揚力（上向きの力）を発生するため、これで重力に対抗できる。

円柱形の肢　陸ではヒレは役に立たない。平たくて薄いものは曲がりやすく、体を支えられないし、地面をけることもままならない。それにそもそも、陸では押して体を進ませるのに広い面積は必要ない。大地は塊状であり、水と違ってさらさら流れてはいかないから、足の裏が広かろうが狭かろうが、地面をければ地球を丸ごとけっとばしたことになる。地面を押す面積に関係なく、押した力だけの反作用を受けて前に進め、歩くには足の裏が広くなくていい。むしろ、足裏が広すぎると地面との摩擦が増え、歩く効率が落ちる。

肢に必要なのは広さではなく強度である。重力に抗して体をもち上げても、地面をけっても跳んでもはねても、へにゃへにゃせずに折れもしないだけの強度がいる。さらに長さも関係する。肢は長いほど一歩の歩幅が増え、速く歩ける。そこで肢は細長い円柱形となる（四三ページ）。

四肢動物の祖先　四肢動物の祖先となった魚類は肉鰭類だった。これはシーラカンスや肺魚の仲間で、現生の魚の中では少数派。多数派は条鰭類で、鮮魚店で売られているのはこの仲間である。しかし四肢動物が登場してきた頃（古生代デボン紀）には肉鰭類の方が優勢だった。

条鰭、肉鰭という名が示すようにこの二種類の魚には、鰭《ひれ》の構造に違いがある。条鰭類のヒレは細長い骨が放射状に並んで支えている（条は細長いものの意味）。骨の並びもヒレ全体の薄い形も、団扇《うちわ》の柄から先を思い浮かべればいいだろう。

それに対して肉鰭類のヒレは肉厚で、その中には塊状の骨が縦一列にヒレのつけ根から先端へと連なって入っている。骨の列は先端部では枝分かれしている。骨どうしは筋肉で連結されているため、ヒレを途中から動かすことが可能。このようなヒレのつくりは四肢を連想させるだろう。肉鰭類の胸ビレが前肢に、腹ビレが後肢になり、四肢ができてきた。

四肢帯――肢を脊柱につなぐもの

以上、上陸にあたって両生類は、丈夫な四肢を進化させ、脊柱を強化したのだが、それだけでは話が済まない。縦の柱（肢）と横の梁（脊柱）を丈夫にしても、それらをつなぐ部分がいいかげんでは、しっかりした骨組み構造をつくれないのである。

魚であれ四肢動物であれ、肢帯（四肢帯）という構造が対鰭や四肢の基部に存在する。これは胴とそこから突き出たヒレや四肢をつなぐ構造であり、よく動くヒレや四肢に不動の足場を提供し、さらに四肢動物では体重を肢へと伝えている。前肢（胸ビレ）をつなぐ肢帯が肩帯（胸帯、前肢帯）、後肢（腹ビレ）をつなぐものが腰帯（腹帯、後肢帯）である（二七五ページの図）。どちらも複数の骨でできており、骨のおもなものをあげれば、肩帯では肩甲骨と鎖骨、四肢類の腰帯では恥骨、坐骨、腸骨と、おなじみの名が出てくる。肢帯という名のとおり、帯のように広い面をもち、ここに強大な筋肉群が付着して、胴と肢帯、肢帯と肢をしっかりと結びつける。

魚の肩帯は頭の骨（頭蓋）の縁に沿うように環状になって頭蓋に密着している部分と、それの腹側の左右から後方に少しのび出た部分とからなっている。のび出たところ（肩甲骨と烏口骨《うこう》）で胸ビレに結合している。一方、腰帯の方はごく貧弱で、小さな三角形の骨が二枚、ゆるく腹側正中線上で接している。魚を腹側から見るとブーメラン形になっており、それが胴体の壁に埋まっているだけである。なお、肩帯も腰帯も脊柱とは結合していない。

上陸にともない肢帯が大きく頑丈になった。また肢帯の胴への結合のしかたも変わった。肩帯では環状部（頭蓋に結合していた部分）が消失し、かわりに腹側にあった肩甲骨が背側へとのびて大きくひろがり、その広い面に付着した筋肉によって脊柱へと結びつけられるようになった（ヒトの肩甲骨を思い浮かべてもらうと分かりやすいだろう）。つまり、四肢動物の肩帯は頭蓋ではなく脊柱に結合するようになり、また、結合のしかたも骨どうしではなく、骨と骨との間をまたぐ筋肉によって結ばれるよう変化したのである。

そして貧弱だった腰帯は骨が強大になった。魚では体壁にただ埋まっているだけで、脊柱とは隔たっていて、たぶん脊柱とは無関係の存在だったのだが、四肢動物では脊柱と密着して強固な骨盤を形成するようになった。

魚類では肩帯の方が腰帯より発達しているが、これは腹ビレがさほど大きな働きをしていないことを反映しているのだろう。その状況が逆転した。四肢動物では一般的に後肢が前肢より太くなって歩行の主役を担っており、それを反映して腰帯が、より大きく頑丈にできている。もちろん胸帯も魚に比べれば大形で頑丈。こうして四肢動物になってはじめて胴部に肩や腰という目立つ構造ができてきた。

肩帯と腰帯の違い

四肢動物では、腰帯の骨は脊柱の骨に密着して結合している。それに対し、肩帯の骨は筋肉という細長いひも状のものによって脊柱に吊られた状態であり、のびたりたわんだりできるぐらいの間隔をおいて、肩帯は脊柱に結合している。つまり、ある程度の遊びをもっているのである。肩を上げ下げできるのは、この遊びのおかげなのだが、この遊びの意味を考えておきたい。

遊びがあるため、前肢は後肢よりも自由に動くことができる。前肢がただ歩くだけではなく、さまざまな用途に使われているのも、この自由度の高さによるだろう。前肢を用いて、リスは餌をもって食べ、ライオンは獲物をしとめ、サルは枝わたりをする。きわめつきは人間。歩行の役割から完全に自由になった手で道具を作り、ペンを握ってラブレターを書き計算をする。口や眼に近い方の四肢に自由度があるのは、理にかなったことである。

ただし、この遊びの存在は、スムーズに歩くことに起因すると思われる。もしどちらの肢帯も脊柱にがっしり結合していたら、前肢と後肢の動きを厳密にそろえないとギクシャクしてうまく歩けない。たとえば後肢がけって脊柱を前へ押している時に、前肢が前へのびた状態で着地していたならば、前肢はブレーキになってしまう。遊びがあればそれは防げる。建物のような動かない構造物とは異なり、動物という動くものにおいては、ただがっちりと柱と梁を組み合わせれば済むわけではなく、適度な遊びをもたせないとスムーズな動きができないのである。

ではなぜ前の肩帯ではなく後ろの腰帯に遊びをもたせないのだろうか。以前の章で、筋肉はひもだと言った（四七ページ）。ひもは後ろのものを前へと引っ張ることはできるが、後ろから押して物を進めることはできない（押されると、ひもはたわんでしまって力を伝えられない）。後肢は脊柱を後ろから押して進めるのだから、腰帯をひもで脊柱に吊るわけにはいかないのである。反対に、前肢は脊柱を前へ引っ張るので、ひもで吊っていても問題はない。

魚には首がない

四肢類は頭と胴との間に、首という細くなった部分がある。魚に首はない。魚と両生類とをつなぐ魚類ティクターリクは首をもっていた。

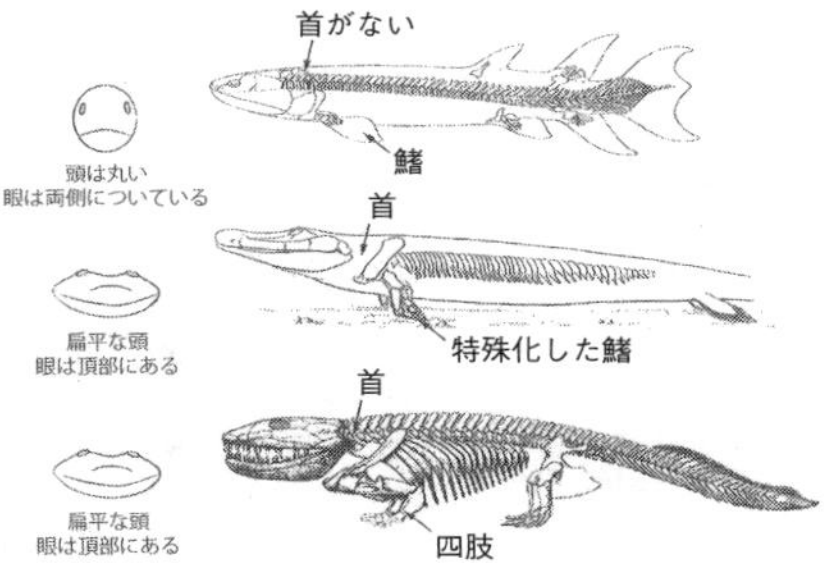

7－3　**ティクターリクの復元図**（中）　上は魚類で下が四肢類（ニール・シュービン『ヒトのなかの魚、魚のなかのヒト』から加工）

首は頭と肩の間（つまり頭蓋と肩帯の間）が細くなってできている。魚の肩帯は頭蓋に直接結合しており、細い部分が存在しない。魚の肩帯の環状の部分（ここで頭蓋に結合している）が四肢動物では退化した結果、隙間ができた。四肢動物が、肩帯を脊柱に結合させるに当たって、頭蓋のすぐ後ろで結合させることもできただろうに、そうはせず、わざわざこの隙間を空けたままにしておいたのは、隙間の細い部分は曲がりやすく、頭を動かせるようになるからである。

首がないと陸では大変に困る。地面は凸凹しているから、足下をよく見て歩かないとこけてしまう。とはいえ進行方向に何があるかを見ていることはさらに重要で、敵はいないか餌がないかを常に見張っていなければならない。そこで時々足下を見ることになるだろうが、もし首がなかったら、足下を見るためにはエイヤッと逆立ちする必要がある。

魚は水中に浮いているから、足下を注意していなくてもこけない。そもそも重力で地面に引かれるからこけるのである。水中生活においても真下の基盤に注意を向ける必要が出てくるかもしれず、その時は逆立ちするはめになるだろうが、(重力に逆らう必要がないから)逆立ちも苦にならないだろう。水底の藻をついばんでいる魚たちはみな逆立ちしながら(平然と)食事をとっている。

首がなくて頭が固定されていると、陸を歩く際に都合が悪いということもある。次に初期の四肢動物の歩行について述べるが、これらは体を左右に振りながら歩く。首がなくて頭が胴に固定されていると、歩くたびに視野が左右に大きく振れることになり、真っ直ぐ前を見て歩けない。魚にも胴をくねらせて泳ぐものがいるが、その際、体の前端は曲がらず、後方のみにくねりの波をつくるため、首のないことはそれほど問題にならない。魚の脊柱はずっとしなやかだから、後ろ側だけをくねらすことができるのである。

歩行の進化

両生類と爬虫類の歩き方は哺乳類のものとはかなり違う。まず姿勢そのものが違う。哺乳類は四肢をまっすぐ体の真下にのばしているが、両生・爬虫類では、体の横にはり出す（図）。前肢は末端から手、前腕、上腕の部位からなり、前腕と上腕の間がひじ関節、上腕と肩甲骨の間が肩関節となっている。前腕も上腕も長い骨（長骨）からできている。さて、両生・爬虫類では、上腕を水平にして側方へ突きだし、ひじ関節を曲げて前腕を垂直に立て、腕立て伏せのような姿勢で地に肢をつける。このとき、手首を曲げ、てのひらをぴったり地面にくっつけている（ここでは前肢についてだけ述べることにするが、後肢も同様であり、後肢の場合には、肩→腰、上腕→大腿、前腕→すね、ひじ→ひざ、手首→くるぶし、てのひら→足の裏、と読みかえていただきたい）。これでいちおう胴は地面からもち上がってはいるのだが、地面すれすれだから這っているように見える。爬虫類とは、爬行する（這う）虫（小動物）の意味である。

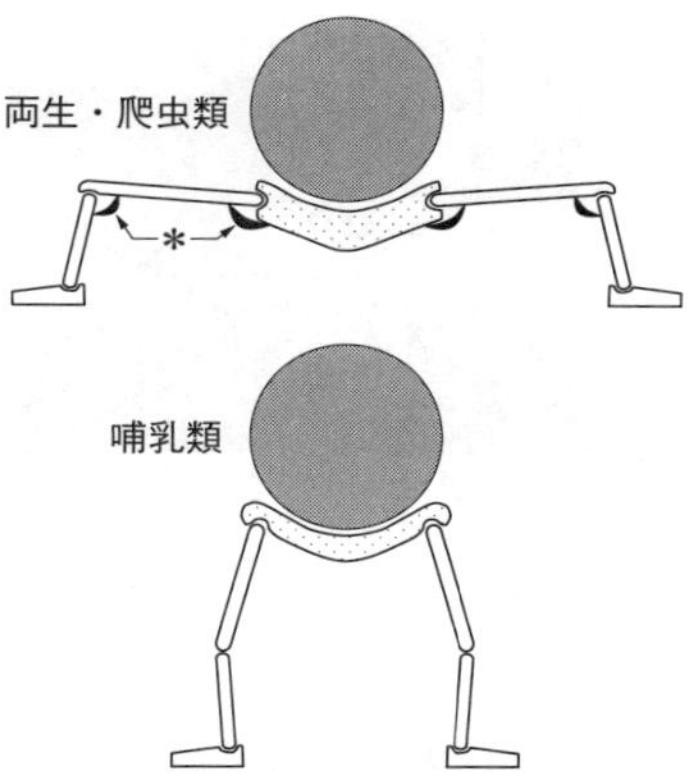

７－４　**歩行の姿勢**　両生・爬虫類の腕立て伏せした姿勢の場合、筋肉（＊）が常に収縮していないとこの姿勢が保てない

両生・爬虫類が歩行する際には、常に一本の肢だけを動かし、残りの三本は動かさ

ずに三角形をつくって接地し、安定してこけない姿勢で体を支えながら進む。肢は以下の順番で動く。

①まず右手を浮かせ、胴を右横へと押し出しながら上体を左にひねる。すると胴から直角水平に突き出た右手は、肩の左旋回に連動して前に出ることになる。

②その手を着地させ、その手に接続している前腕を、上腕を軸にして（胴側から見て反時計回りに）回転させる。すると手は地面を後ろに押すことになる。

7－5　爬虫類の歩き方

③さらに手首の関節をのばし、てのひらで地面を押す。ここまでが一連の動作。

右手の次は左足。左足を浮かせて腰を左へとひねり、前に出た左足を着地させ、先ほどの右手と同様の動作を行う。その次は左手、最後に右足、そして再び右手、という具合に、体を左右にくねらせながら順々に肢を進めていく。足跡の化石からすると初期の四肢動物もこのように歩いていたようだ。

この歩行法には、体の前進に寄与する三つの要素がある。

①胴のくねり　胴のくねりが前進の原動力である点は、魚時代のやり方をそのまま踏襲している。四肢は胴の出す力を地面に伝え、かつ体をもち上げて地面を擦らないようにする支持

棒の役割をはたすだけ。

ただし肢も間接的には前進に寄与している。水平に張り出された上腕の長さが長いほど一歩の幅が大きくなるからである。これは梃子とみなすことができる。水平に張り出された上腕が梃子の棒であり、この棒の支点（肩関節）に近いところを動かして、棒の遠い先（足先）を大きく進めている。

このように、腕を張り出して腕立て伏せの姿勢をとると、ひじ関節と肩関節には、関節を開く方向に大きな力（回転モーメント）がかかる。回転モーメントの大きさは、力の加わる位置（力点）が回転軸（支点）から遠いほど大きくなる（これも梃子の原理）。水平に張りだした長さが大きいと一歩が大きくなって移動距離が伸びる反面、回転モーメントも大きくなってしまい、腕と胸の筋肉に大きな負担がかかるというマイナス面も生じてくる。やってみるとわかるが、この腕立て伏せポーズはかなりきつい。四肢の筋肉は、前進に直接関与していないにもかかわらず歩行中ずっと収縮してつらいポーズをとり続けなければならない。ここに改善の余地がある。

②長骨の回転　水平に張り出した上腕の長骨を、軸のまわりに回転させる。こうして肢先を回転させて地面を押す。

③肢先をのばす　手首の関節を回転させ、肢先で地面を押す。

この三つの要素がどんな割合で歩行に関わっているかをサンショウウオでみておこう。サンショウウオは初期の四肢動物とほぼ同じ体のプロポーション（胴や四肢の長さや四肢の位置）をもっている。三つの中で一番効いているのが③肢先をのばす動きで全体の半分。次が②長骨の回転で三割、①胴のくねりは二割である。

哺乳類

腕立て伏せ姿勢をとる歩行においては、前進に直接寄与していない姿勢維持の筋肉にも、かなりのエネルギーが使われており、効率が悪い。そこで哺乳類は、ひじを曲げずに肢をのばして一本の棒のようにし、それを肩の真下にまっすぐに下ろした。こうするとひじと肩の関節にかかる回転モーメントの問題は解決し、体重は関節をまっすぐ圧縮するだけで、その圧縮力を骨が直接支えてくれるから、筋肉を縮めて体重を支える必要がない。テーブルで例えると、四本脚のテーブルと同じ状態で体を支えているようなものであり、何もしなくてもきわめて安定になる。これに対して腕立て伏せ姿勢の場合は、テーブルの天板の縁に、関節でL字形に折れ曲がった脚を外に張り出すように取り付けたもの。足と天板の間も関節になっている。この構造で、天板を高い位置で水平に保つためには、四本の足それぞれの二つの関節を、すべて一定の角度に保たれるようにせねばならず、それには何らかの手当がいる。

腕立て伏せの姿勢には、さらに都合の悪いことがある。この姿勢で歩くと、胸の筋肉を使う。胸の筋肉は呼吸にも使うが、歩く時と呼吸する時とでは、使い方が違う。歩く時には、左右の胸の筋肉を別々に使う。呼吸の際には、左右同時に縮めて胸をふくらます。だから歩行と呼吸を同時にはできない。トカゲの歩くのを見ていると、タタタタッと数歩あるいて立ち止まり、またタタタッと歩いてはまた立ち止まりを繰り返す。呼吸するには歩くのをやめねばならないからである。これはかなり不便に違いない。

肢を横に張り出すスタイルにはまだ問題点がある。骨はおしつぶそうとする力（圧縮力）に対して強く抵抗できるが、曲げたりねじったりする力に対しては弱く折れやすい。横に肢を張り出せば、肢には曲げの力が常に加わるし、それを回転させるのだからねじれが加わる。哺乳類のように肢をまっすぐ体の下にのばせば骨は上から圧縮されるだけであり、肢は折れにくくなる（ただし、肢を振り子のように動かす間は曲げの力は加わってくるが）。

四肢をまっすぐ真下におろすと、胴のくねりの際に使った梃子は利用できない。そのかわりに別の梃子が利用できるようになる。ひじの関節をのばして肢が長い一本の棒のようになったため、これを根元（肢帯との関節部）で回転させれば肢は振り子のように動き、肢が長ければ長いほど梃子の原理で一歩が大きくなり、速く歩ける。ウマの祖先はイヌほどの大きさだったが、進化の過程で、肢がどんどん長くなり、速く走れるようになっていった。

さらに、二本肢で立ち上がるものも登場した。爬虫類では一部の恐竜やその子孫の鳥類、哺乳類ではカンガルーやヒト。両生・爬虫類のように三点で体を支えれば体は安定しているが、二点だけではこける危険が大いにある。立ち上がって重心の位置が高くなったため、さらに不安定でこけやすくなり、こければ、上半身の落下距離が大きいのだからダメージは大きい。そこで、できるだけこけないようにと、細心の注意を払って歩いているとおもいきや、われわれヒトは、この高さとこけやすさを歩行に利用しているのである。

ヒトはこけながら歩く

ヒトのふつうの歩き方の前に、武士の歩き方を見ておこう。武士がすり足で歩く時には、腰を落とし、まず左足を軸にしながら胴を反時計回りに回転させる。すると右手も右足も一緒に前に出る。次いで右足を踏みしめ、それを軸にして時計回りに回転しながら左側の手足を出す。この歩き方は、歩行に四肢の動きだけではなく胴の回転がともなっている。胴と四肢を一体にして動かす点では両生・爬虫類の歩き方と同じと言える。このような同側の手足が同時に前に出る歩き方（ナンバ歩き）をすると、足はいつもしっかり地面を踏みしめており、重心の高さも常に一定。姿勢は安定し、また、腰と肩とは同じ方向に回転しているので、腰と肩の間にねじれが生じず、急に斬《き》りかかられても、いい姿勢で刀を抜きつつ体を回転させて左右どちらの敵にもすばやくしっかりと向き合うことができる（ここまでは古武術研究家の甲野善紀氏から実演つきでじかに聞いた話。武士が皆ナンバ歩きをしていたという証拠はないらしいが）。ただしこの歩き方では、常にひざが曲がっているのだから、そこは両生・爬虫類と同じであり、楽ではない。

これに対して、ふつうに歩く時にはひざを曲げない。左足をまっすぐのばして地面に着けて後ろに動かしながら右足をまっすぐ前へともち上げる。その時に重心の位置が高くなる。さらに左足を後ろにけりつつ体を少し前傾させて右足を大きく出す。右足が着いた時には重心の位置が下がる。もし右足を出して支えていなければ体は前に倒れてしまっていただろう。つまり体を前にこけさせながら、あやういところで右足を出して体を支える。その右足を後ろに動かしつつ左足をもち上げ、と、左右を切り替えながら歩く。この歩き方の方がずっと楽、つまりエネルギーが少なくて済む。省エネになる理由は三つある。①ひざを曲げずに足をまっすぐにのばしていること、②重力の利用、③バネの利用である。

①ひざをまっすぐにのばしたまま地面をふんでいるので、体重はひざの関節をまっすぐに圧縮するから、骨が体重を支えてくれる。ところがナンバ歩きのようにひざを曲げて地面をふめば、関節を曲げる力が体重によってかかってしまい、それに抗するには、ひざの筋肉を収縮させて曲げた姿勢を保たねばならない。これには余計なエネルギーがいる。ひざをまっす

ぐにのばせば、この分が節約できる。
②体を前にこけさせて進んでいるが、こけるとは重力の働きに身をまかせることであり、自力を使わずに前に進んでいることになる。この動きは振り子を逆さにしたもの（倒立振り子）とみなせる。倒立振り子は棒の上におもりのついたもので、これをちょっと前に傾ければ、棒の根元を支点にして、上にあるおもりが円弧を描いて前へと倒れていく。つまりおもりは前へと進んでいるが、進めてくれるのは重力である。ここでは、おもりの落下する動きが前進の動きに変わっている。歩く際には、左足を軸にして倒立振り子のように体を倒し、倒れる前に前方に右足をつけ、今度はそれを軸にして体を倒しと、左右の振り子を切り替えていく。エネルギーが必要になるのは振り子の切り替えのところで、大きく前に倒れて進むところは重力を使っているからタダである。
③もう一つの省エネはバネの利用であり、これにより振り子の切り替えに必要なエネルギーを少なくしている。左足を軸にして倒立振り子のように体を倒し、転倒する前に右足を出してドンと右足先で前方に着地するのだが、着地の際、右足のくるぶしにあるアキレス腱が引きのばされる。アキレス腱はバネとしての性質をもっており、次に右足で地面をける時には、このバネが元の長さに戻る力を利用して、重心を元の高い位置まで押し上げ、再度倒立振り子が使えるようにできる。よくはずむボールがいつまでも弾み続けるのと同じ状況を、アキ

レス腱のバネを使ってつくり出しているのである。バネでピョンピョン跳ねていけば楽ちんで、これははずむ靴底のジョギングシューズを履くと実感できる。

こんな歩き方ができるのも、われわれが二本足で立ち上がって、重心の位置が高くなり、かつ不安定になりやすいというやっかいな姿勢をとるようになったから。重力とは運ぶべき荷物（荷重）を増やすやっかいなものなのだが、われわれは重力や不安定さというやっかいなものを逆手にとり、効率よく歩くことに利用しているのである。

3　食物を得る、消化する

陸の食べものは手強い。陸上でもっとも繁栄しているのは昆虫と植物であるが、そのいずれも硬い殻で身を覆っているからである（だから彼らは繁栄できるわけだが）。また、陸では餌を探しに出歩くことがどうしても必要になる。水中なら、いい場所に陣取っていれば、有機物の粒子やプランクトンが向こうから流れてくる。北原白秋の「待ちぼうけ」が愚か者を揶揄《やゆ》する歌として通用するのは、陸上生活だからである。

とくに植物は手強い

植物は細胞の一つひとつを細胞壁でくるみ、それを積み重ねて体をつくっている。細胞壁はセルロース繊維が主成分であり、それがリグニンなどで貼り合わさってできているが、動物はこれらを消化する酵素をもっていない。だから細胞の中身を食べたければ、物理的に細胞壁を破壊して中身を取り出さなければならない。細胞は小さく、小さいとは、それだけで壊しにくいことを意味している（同じ厚さの板でも、大きければ大きいほど押すと簡単にたわむから壊すのが容易、九四ページ）。そして小さいからたくさん壊さねば満腹になれない。まことに扱いにくい相手が植物細胞なのである。

だから樹木の葉や草をばりばり食べるのは大変で、それを律儀にやっている動物もいるが、細胞壁が硬くなる前の新芽や、植物が子のために栄養を蓄えた種《たね》（これならたとえ硬い殻で包まれていても、一つ壊せば栄養のかたまりが手に入る）を好んで食べることになりやすい。種同様、栄養を蓄えた部分である芋もよい。芋は地中にあるため、姿勢の維持も乾燥対策も必要なく、地中の方が安全なので防御も手薄になるから、その分、細胞壁が薄くて軟らかいため、格好の食物になるのである。また、樹液もいい。カメムシの仲間は注射器状の口をもち、樹液を吸う。樹液とは師管（栄養を体のすみずみまで運ぶための管）の中を流れているものだから、これは吸血同様、栄養ドリンクを飲ませてもらうようなものである（カメムシの仲間にはサシガメのように、動物の血を吸うものもいる）。

植物から頂戴できるもので、消化に苦労しなくていいものがまだある。被子植物（目立つ花の咲く植物）が意図的に提供してくれる蜜や果実である。被子植物は花粉を昆虫に運んでもらうことで受粉を行い、その返礼として昆虫に花蜜を与えている。さらに、受粉してできた種を鳥や哺乳類に運んで広くばらまいてもらうが、その返礼としては、果実を用意している。果実を食べて、中の種をまわりにばらまいてもらえるし、果実ごとのみこまれた場合には、種は運ばれて糞とともにばらまかれることになる。鳥類は肉食、もしくは穀物・果実食が普通で、葉は餌としないのだが、それは当然だろう。葉のように不消化の成分をたくさん含み、それゆえ大量に食べて時間をかけて処理しなければいけない食物を食べれば、体が重くなる。これで飛ぶのは困難だ。

両生類は昆虫を食べていた。初期の爬虫類も肉食だった。では硬くて消化しにくい葉や草を律儀に食べる四肢動物はどんなものかというと、体がかなり大きなものである。哺乳類の祖先は体が小さく、昆虫食であった。それから葉や草を食べるものが進化してきた。ウシのように、微生物の培養槽と呼べる巨大な胃を発達させ、微生物の力を借りて植物の細胞壁を消化できる反芻《はんすう》動物も進化した。爬虫類にも草食の恐竜がいた。鳥類ではカモやハクチョウが水草を食う。水草は体を支える必要が少ないから、体はそれほど硬くはないが、カモもハクチョウも鳥の中では大型のものである。最大の鳥であるダチョウは陸の草を食うが、これは腸内に微生物を共生させている。もちろん草食恐竜も反芻する哺乳類も図体のかなり大きなものである。体が大きくないと大きな消化器官をもてず、草を食うのは難しい。

陸上では食べ方を変える必要がある

陸の餌は硬いため、強力な破壊装置が必要になる。物理的破壊装置として歯と顎が、化学的破壊装置としては巨大な胃や長大な腸が発達した。まず食物の入り口である口のまわりからそれらの装置を見ていこう。

脊椎動物には前端に頭があり、これは口、感覚器官（眼や鼻など）、脳の三者が集まったもの。脳も感覚器官もきわめてデリケートなものであり、脊椎動物はこれらを骨製の箱（頭蓋《とうがい》）に入れて守っている。頭蓋の骨は体の中心部の骨格とは違い、表面の皮膚の中にできてくる皮骨（皮膚骨格、一八一ページ）である。頭蓋は二階建てになっており、上は脳と感覚器官を守る部分で、神経頭蓋と呼ばれる（脳は神経の塊であり、感覚器官も神経細胞が主たるものだから）。この下にもう一つの箱がある。これは顎と顎の筋肉の付着する足場とが一緒になって口をかたちづくっている箱であり、これが内臓頭蓋（口は内臓への入り口だから）。

同じ脊索動物でも、頭索類や尾索類には頭蓋がなかった。脊椎動物になってはじめて頭蓋ができたのだが、これには顎がついていなかった。初期の脊椎動物（無顎類）は海底の堆積物を吸い込み、エラで濾しとって食べる濾過摂食者であり、顎が無くても問題なかったのである。無顎類から顎をもつ顎口類が進化した。顎は鰓弓《さいきゅう》骨格（エラを支える弓状の軟骨や骨）が変化してできたと考える研究者が多い。

顎には歯がついており、これは顎と同時に出現したもの。歯は口腔周縁部の皮骨からできてきたものらしい。歯はエナメル質と象牙質からできているが、魚の鱗も同様であり、歯は鱗の親戚と考えてよい。歯のそなわった顎をもつことにより捕食者への道が開け、また、脊椎動物が上陸した後には、植物というきわめて手強い相手をかみ砕くことが可能になった。

顎と歯

魚がもった最初の顎は、はさみのように単純に開閉するもので、これに円錐形の歯が生えていた。ヒトでは前歯と奥歯とでは形も違い働きも違うが、魚類にはそのような違いはない。水中の食物は軟らかいため、歯に役割分担させるほどのことはなかったのだろう。

初期の四肢動物においても顎や歯は単純で、かみつくだけで、餌をすりつぶすことはできなかった。両生類は肉食であり、植物のような硬いものは食べない。現生のカエル類では歯が上顎にしかなく、ヒキガエルにいたっては歯をまったく欠く。

祖先の爬虫類になると、しだいに強い力でかめる顎が登場した。頬の壁には顎を閉じる筋肉（側頭筋）があり、閉じるときにこれは収縮して横へふくらむ。この筋肉が発達すると、収縮してふくれた際に顎の中の空間に入りきらなくなる。そこで、ふくれた部分を外へはみ出させるために、頭骨の両側面に側頭窓という窓（孔）が開くようになった。側面ごとに、窓が一つだけ開いた仲間が単弓類、二つ開いているのが双弓類である。爬虫類・鳥類が双弓類であり、単弓類からは哺乳類が進化した。

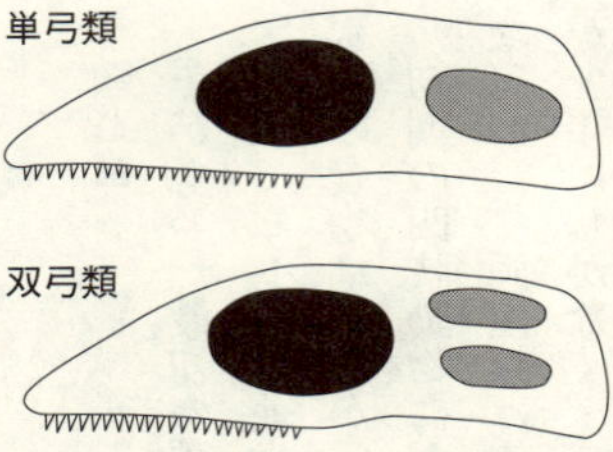

7－6　単弓類（上）と双弓類の頭蓋側面　灰色が側頭窓、大きな黒い部分は眼窩（Romer & Parsons 1977にもとづく）

爬虫類の歯　爬虫類でも魚類や両生類同様、歯は円錐形でみな同じ形だった。円錐形で尖った歯は、かみついて獲物にダメージを与えるとともに、くわえて逃がさないよう固定しておくことに適している。槍でありかつピンだと言っていいだろう。両生類も爬虫類も大きな口をもっている。つまり長い顎をもち、そこにたくさんの歯を生やしている。この大きな口でぱくっとくわえて餌をつかまえ、しっかりとくわえ続けて獲物が動かなくなるのを待って丸呑みするのが、この動物たちの一般的な食べ方である。円錐形の尖った歯では、すりつぶすことはできない。

恐竜には草食のものも現れた。これらの歯先は平らになっており、平らな面を使って硬い植物をすりつぶせる。

鳥のくちばし　鳥類には歯がなく、かわりにくちばしがある。くちばしは皮膚の細胞にケラチン（角質）という硬い繊維がたまってつくられる（これはわれわれの爪と同じ）。くちばしはついばむためのものであり、これで餌をかみ砕くことは、ほとんどできない。歯がなく、歯の列を支える長い顎もないのは、骨の量をできるだけ少なくして体を軽く飛びやすくしているのだろう。鳥は餌を丸呑みにし、食道の途中にある袋（素嚢《そのう》）にいったんたくわえ、それを胃に送る。鳥の胃は前後二つの部分からなり、前胃で消化液により処理し、後ろの筋胃ですりつぶす。筋胃は砂嚢とも呼ばれ、強力な筋肉が発達し、砂や小石を入れてすりつぶす効果を高めているものもある（爬虫類にも砂嚢をもつものがいた）。筋胃は肉食のものよりも、果実や穀類食のもので発達している。

哺乳類の歯　哺乳類では爬虫類に比べて歯の数は減ったが、形が四種類に分化した。前から奥へ、切歯（門歯）、犬歯、前臼歯（小臼歯）、後臼歯（大臼歯）である。切歯は円錐形か、薄くて平たいのみの形であり、これで食物を食い切る。犬歯は先端が鋭い円錐形で、これで獲物を襲う。刺してしとめるから、犬歯は長いとともに歯根も深く、獲物にもがかれても歯が抜けないようになっている。臼歯は臼《うす》として働く。臼歯の表面は平らで、ここにいくつかの山（咬頭《こうとう》）がある。上顎の臼歯の山と下顎の臼歯の山とがかみ合うようになっており、上の歯と下の歯の山の稜線をこすり合わせるようにして、間にはさんだ餌にずりの力（剪断力《せんだんりょく》）を加えながら押しつぶす。

哺乳類では顎にも変化がみられる。この仲間ではウシのように草を専門に食べるものも繁栄しているが、これらの顎では関節の結合がゆるく、顎がはさみのように上下に開くだけではなく、前後左右にも動く。顎を三次元的に動かすことにより、すりつぶす効果を高めている。

舌の効用

陸では舌も重要になってくる。魚にも舌はあるが発達していない。食物を口の中までもってきてそこで処理する上で、水と陸では勝手が違い、そのことが舌の発達と関係している。

水中では餌は水に浮いている（たとえ岩から生えていても、藻の体が水に浮いていることに変わりはない）。そして閉じた口を開ければ、口腔内が陰圧になるから、水は口の中へと吸引され、それにつられて浮いている餌も入ってくる。サッと口を開けるだけで事は済んでしまうのである。入ってしまえばこっちのもの。相手はそれほど硬くはなく、適当にかめばじきに小さくなって口に入った水の中に分散するから、これをゴクンと飲み込めばいい。

ところが陸では、こちらから口をあけてのしかかっていかないと餌は口の中に入らない。そして入ったものを何度もかんで砕く必要がある。口を開け閉めしながらかむと、不用意に開ければ餌は重力で外へ落ちてしまう。開けた時だけではない、口を閉じようとして口腔をせばめると、その圧力によって、砕かれた餌は外へと押し出されやすい。そこで餌を押さえて出ないように、落ちないようにしているのが舌なのである。

かみ砕く際にも舌は活躍する。砕くのは臼歯だが、食物が歯の上に来たときにだけ砕くことができる。水中のように餌が口の中で浮いていれば、口をちょっとクチュクチュ動かせば餌は歯のところに動いていく。しかし陸ではそうはいかない。そこで舌を使って食物を臼歯の上へと押しやってかみ砕く。これは餅つきをイメージすればいいだろう。臼と杵《きね》とで蒸した米を押しつぶすが、その際、まだつぶされていない米を手でこねて杵の下に押しやっている。その手の働きをしているのが舌。また、かみ砕いた後の細かくなった餌も、そのままでは食道へ入っていかないから、舌にのせて押し込んでやる（水中なら食物は水に浮いており、具だくさんのスープのようなものだから、ゴクンと飲み込んでしまえばいい）。舌が平たいのは、しゃもじが平たいのと同じこと（そしててのひらが平たいのと同じこと）であり、この広い面で食べものをすくってこね、そして押し込む。

舌は四肢動物において発達したものであり、これを使ってわれわれは恋を語らう。陸の動物だからこそ、タング（舌、言語）をあやつれるようになったのである。

消化管の分化

四肢類の消化管にはふくらんでいる部分が前後に二ヵ所ある。前のふくらみが食物をためるところ（胃）、後ろのふくらみが糞をためるところ（大腸）、ふくらみの間のうねうねとした長い管が消化管の本体（小腸）

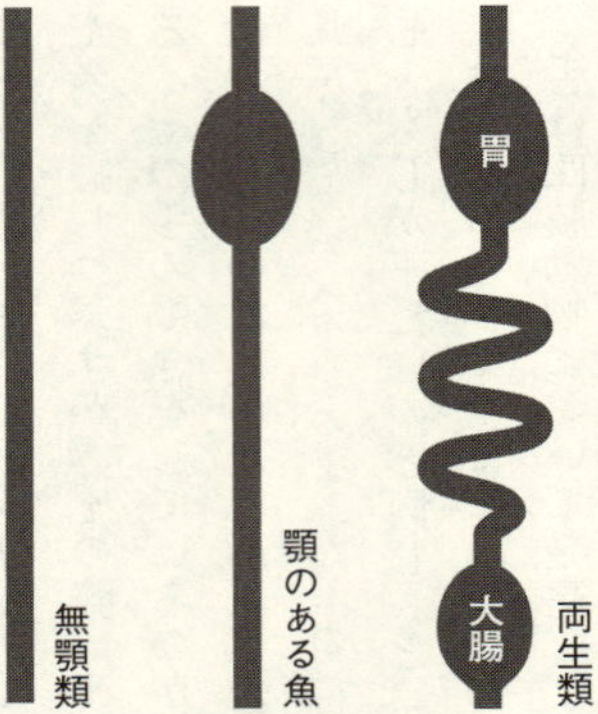

7－7　脊椎動物の消化管

である（図）。

こんなふくらみは祖先の脊椎動物である無顎類にはなかったと思われる。かれらは濾過摂食者であり、同じく濾過摂食をするナメクジウオ（頭索動物）は胃をもっていない。濾過摂食の場合、食物粒子は絶えず流れてくるから、食物を貯蔵する必要はないのだろう。胃にはまた、消化にとりかかる前に大きな食物の塊を小さく消化しやすいように前処理する役目もあるが、濾過摂食の場合、入ってくるのは小さくて軟らかい粒子のため、その必要もない。現生の無顎類であるヤツメウナギは濾過摂食者ではないが、やはり胃がない。他の魚に吸いついて体液を吸っているため、胃はいらないのだろう。

表7－2　腸の長さ（体長の何倍か）

肉　食		葉　食	
カマス	1	ウ　マ	12
カエル	2	ウ　シ	22～29
イモリ	2	雑　食	
ネ　コ	3～4	ヒ　ト	4.5
		ハツカネズミ	8

胃は顎のある魚になってはじめて登場したと考えられる。大きな餌を時々捕まえて飲み込む食生活になったため、飲み込んだものをいったんためて、消化にとりかかる前に一定の処理をする場所として、消化管の前方にふくらみが生じて胃となった。前処理としては、初期の胃ではもみしだいて細かくする物理的な処理が主であり、後にタンパク質分解酵素を分泌する化学的な処理を行うものも進化してきた。胃はまた胃液を出し、胃の中を強い酸性にする。これには殺菌効果があり、また、食物は強い酸で変性して細かくしやすくもなる。

魚にあるのは前方のふくらみだけ。胃の後ろは相変わらずの同じ太さの管である。腸に分化が生じ、長くくねった小腸と、それに続くふくれた大腸とに分かれたのは四肢動物になってからのこと。

ここまで何度も述べてきたように、陸上の食物は手強く、これを消化するには長い腸がいる。とくに葉は手強く、葉を食べる動物はきわめて長い腸をもつようになった。表7—2に腸の長さが体長の何倍あるかを示してある。魚の腸は短くて体長程度。これは水中の

表7－3　消化管の各部位の役割

食　道	口腔と胃をつなぐ管
胃	食いだめ・予備処理・殺菌
小　腸	消化吸収（消化管の本体）
大　腸	糞の形成と一時貯留（水を吸収して固まった糞をつくる。ただし水分の多くは小腸で吸収される）、共生微生物の発酵槽

餌の処理しやすさを反映している。肉食の四肢動物では体長の数倍。それに対して草を食べるものは一〇倍以上。ウシなどなんと三〇倍近くあり、六〇メートルの長さにも達する。雑食のものは肉食と葉食との中間値をとる。

四肢動物になり大腸ができてきた。陸上では排泄物をためておく必要があるためである。水中ならば水洗トイレの中にいるようなものだから、消化しきれなかった残渣《ざんさ》は、生じたらすぐそのまま出せば、水に流され分散してしまう。陸の場合には、そうはいかない。点々と排泄物を出しつつ歩くと、それを手がかりとして捕食者に跡をつけられる危険がある。排泄物は、たまにまとめて捨てるだけの用心が必要だ。また、水は貴重品だから、排泄物中の水分もできるだけ回収したい。そこで大腸にためた排泄物から水を吸収し、ころころの糞をつくる。さらに、消化しきれなかったものをただためておくだけではもったいないので、微生物を大腸に住まわせ、自分では分解できないものを消化してもらって栄養の足しにすることも行われるようになった。そのため、糞には微生物がまとわりついており、出てくる糞のかなりの部分が生きた微生物やその死骸で占められていることがある。表7—3に消化管の働きをまとめておいた。

共生微生物による消化

微生物を腸内に共生させ、動物が自分では分解できないセルロースなどを微生物の発酵作用により分解してもらい、その産物を利用するものがいる（発酵とは微生物のはたらきで有用な物質をつくること）。魚の腸にも腸内細菌が住んでいるが、四肢動物、とくに草食哺乳類ではとりわけそれらのおかげをこうむっている。ヒトの腸内には一〇〇種以上一〇〇兆個もの細菌（バクテリア）が住み、その重量は一・五〜二キログラムにのぼると言われている。草食動物の場合、腸内細菌の種数はさらに多い。

微生物を住まわすために、腸の一部を特別に「発酵槽」として分化させているものもいる。たとえばウマ、ウサギ、ネズミなどでは大腸の一部を肥大化させて発酵槽にしている（ウサギとネズミは盲腸、ウマでは結腸が肥大化）。ネズミは胃の前部もふくらんでおり、ここにも腸内細菌を住まわせている。

微生物によってつくられた産物の利用の仕方もいろいろである。たとえば、ネズミやウサギには食糞という行動がみられる。ネズミは二種類の糞をする。一つは（おなじみの）硬くて黒い糞で、これは捨てられる通常のもの。もう一種は軟らかく色の薄い大きめの糞であり、これは肛門から出てくるところを、口をつけて食べる。これが食糞という行動である。糞といっても微生物の働きによりタンパク質含量の高くなった腸の内容物であり、食糞を妨げると成長率が一五〜二〇パーセント下がるし、ビタミン不足にもなる。微生物がビタミンをつくってくれるのである。

反芻

共生微生物を最高度に利用しているのが反芻動物である。かれらは通常の胃の前に、巨大な発酵槽である反芻胃を発達させた。反芻亜目の代表がウシ科で、これにはウシ・ヤギ・ヒツジなどの家畜、アフリカの草原に群れるオリックスやヌー、さらにはアメリカやヨーロッパにいる大形のバイソンなど、おなじみの動物たちが含まれている。シカ科もキリン科も反芻亜目である。

中生代の終わりに恐竜が絶滅し、新生代からは哺乳類の時代になった。新生代の第三紀(六四三〇万〜二六〇万年前)後半に気候の寒冷化・乾燥化が起こり、それにともなって温帯域で森林が減少し、草原が広がっていった。ウシ科はそれに呼応し、草原で多様化した。かれらの祖先は森林に住み、柔らかい葉や木の芽を選んで食べるブラウザーであった(良質な餌だけを選択して食べるものがブラウザー。パソコンの記事を選択しながら読むのをブラウズと言うが、そのブラウズ)。森林の減少と草原の拡大にともない、かれらは草原へと進出し、硬い軟らかいに関係なく手当たり次第に草を食べるグレイザーになった(非選択的に食べるものがグレイザー)。硬い草を消化するには長大な消化管が必要であり、ウシをはじめこの仲間のグレイザーはみな大形獣である。

植物の細胞壁をつくっているセルロースは、多糖類である。β-グルコースがつながってできたもので、α-グルコースがつながったものがデンプンであることからも想像できるように、セルロースを分解できたらデンプン同様に大きなエネルギーが得られる。ところが、このセルロース繊維は、さまざまな化学的処理を受けても分解されにくい。セルロースを分解する酵素のセルラーゼを自分で生産できる動物はほとんどいない。ただしバクテリアや原生生物にはセルラーゼをもつものが存在するため、セルロースを共生微生物に分解してもらい、エネルギー源にしようというのが反芻動物のとった戦略である。

反芻動物は、共生微生物がセルロースを消化するのに適した発酵槽を発達させた。これが反芻胃である。ウシの例を紹介しよう。ウシの胃は四つに分かれており、通常の胃は第四胃。その前にあるもの、とくに第一胃がおもな発酵槽であり、この中には胃内容物一グラムあたり、約一〇〇億個のバクテリアと五〇万〜一〇〇万個の原生生物(単細胞の生物で、発酵槽中

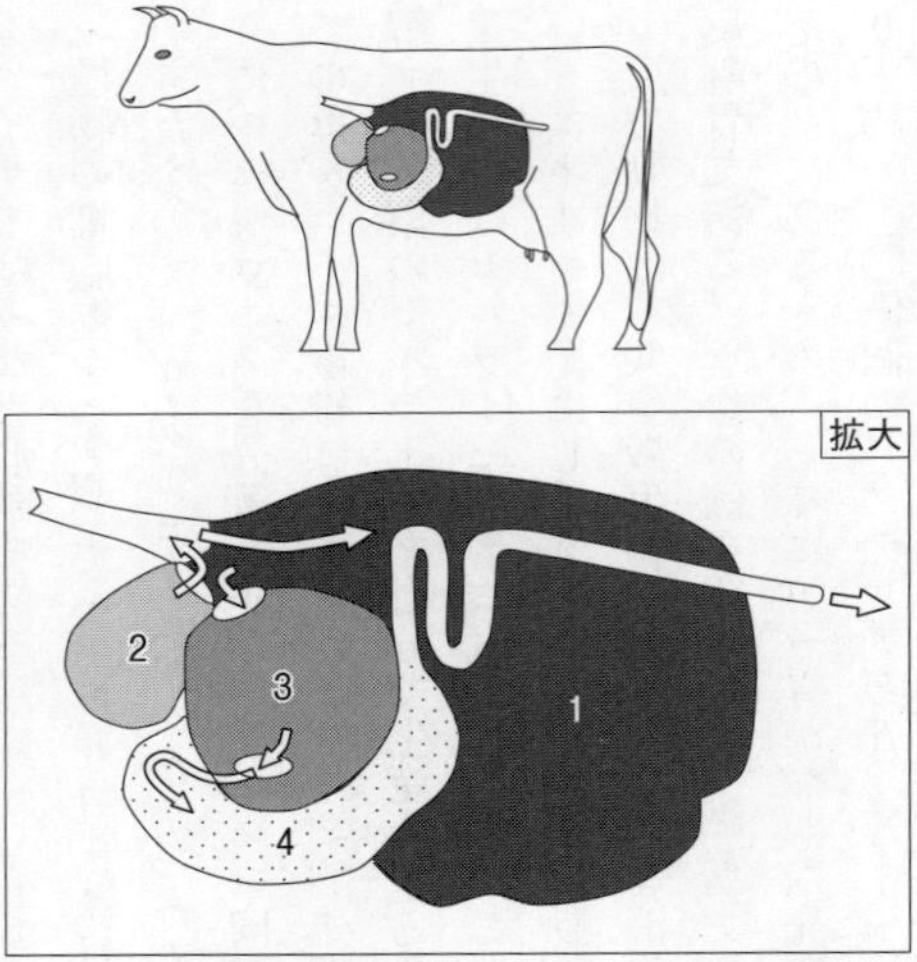

7－8　**ウシの反芻胃**　第一胃（1）が最大の発酵槽、第四胃（4）が通常の胃で、それから腸へとつながっている

にいるのはおもに繊毛虫）が入っている。かれらの力を借りていったんある程度消化したものは口へと吐き戻され、未消化の繊維質をふたたび咀《そ》嚼《しゃく》する。これが反芻である。かみなおされて細かくなり、微生物の付着できる面積のふえた食物はふたたび発酵槽に戻され、さらに発酵が進む。最終的には食物に含まれていた炭水化物（セルロース、ヘミセルロース、デンプンなど）はすべて分解され、短い有機酸（酢酸、プロピオン酸、酪酸）ができる。ウシはこれを吸収してエネルギー源にする。エネルギー源の、なんと七〇パーセントを、ウシはこの有機酸から得ているのである。

ウシも日々、体を構成しているタンパク質を分解してつくり直しており、その結果、アンモニアや尿素ができてくる。これらはふつう尿中に捨てられるが、ウシでは唾腺《だせん》に送られ、唾液といっしょに分泌されて第一胃に入る。バクテリアはこのアンモニアや尿素を使って自身のタンパク質をつくる。微生物の一部は第四胃へと送られ、そこで消化されるが、こうやって微生物を食べることを通し、ウシは毎日一五〇グラムのタンパク質を手に入れる。つまり、窒素という貴重な資源がウシの体内でリサイクルされているのである。植物の体にはセルロースをはじめとする炭水化物が多いが、その一方で動物に比べて窒素含量が少ない。そのため、植物だけを食べていると窒素不足におちいりやすい。だから窒素のリサイクルは重要なのである。微生物はビタミンB群もつくり出し、ウシはこれも利用する。

大きな体のおかげさま

四肢動物は体の大きさを武器にして陸上で戦ってきたと言えるかもしれない。巨大な発酵槽をもてるのも、体が大きいからである。大きな口で自分よりずっと小さな昆虫を丸のみにし、また大きな胃腸で硬い植物を、時間をかけて処理できる。そもそも大きいということは、相対的に表面積が小さいから体が乾燥しにくく、大きければ大形で立派で乾燥に耐える卵を生み出し、子を体内で育てることも可能になる。

恒温動物になって体温を一定に保てるのも、体が大きいおかげである。相対的に表面積が小さいと、乾燥しにくいだけでなく、熱が出入りしにくくなる。そして体が大きいから長い毛をはやして断熱でき、氷河期にも耐えてきた（体が小さいのに長い毛を生やせば、毛にからまって身動きできなくなるだろう）。われわれヒトが大きな脳をもてるのも、体が大きければこそである。陸で成功した二大動物群の一方である昆虫は小さいサイズで成功し、もう一方の四肢動物は大きいサイズで成功したのだった。

地上の暮らしは大変だ

大変だ　大変だ　大変だ　大変だ
地上の暮らしは　大変なのだ
丈夫な骨や　細胞壁が
なければ　姿勢が　たもてない
楽じゃないんだ　地上の暮らし

大変だ　大変だ　大変だ　大変だ
餌を食べるのも　大変なのだ
硬いクチクラや　細胞壁を
砕いてはじめて　中身が食える
手間ひまかかるぞ　地上の暮らし

大変だ　大変だ　大変だ　大変だ
水場は遠いぞ　大変だ
からだの六・七・八割　水なのだから
表面覆って　節水しなきゃ
粘液　クチクラ　羽毛に　うろこ

大変だ　大変だ　大変だ　大変だ
歩いて行くのも　大変なのだ
水の中ならば　浮力の支え
流れも　後押し　してくれる
そんなことは　期待できぬ
地上の暮らし

おわりに

本書の原稿を最初に読んでくれたのは、編集の藤吉亮平氏。感想を、言葉を選びながら訥《とつ》訥《とつ》と語ってくれた。

「知らなかったことばかり。どの動物も独自の世界をもっている。そういうまったく違う世界を七つも教えてくれる、贅沢《ぜいたく》な本ですね」

編集者はまことに良い読み手だなあ。いつものことながら、感謝！

「ところで、タイトルはどうしようか」

「うちの新書で『植物はすごい』が売れてるんですよ」

「その『すごい』がいいかもしれないな。なにせこの本は、貝も昆虫も、出てくるものたちみんなを、『すごい、すごい！』とほめちぎっているんだから」

「それでいきましょう！」

「そうと決まれば相談があるんだけど。じつはこの本の内容はね、東工大での講義。その時には、授業時間の終わりに、その回とりあげた動物の『褒《ほ》め歌』をうたっていたの。だからこの本でも、各章ごとに歌を載っけてもらえないかなあ」ということで、巻末に七曲、楽譜がついている。御笑唱いただければ幸いである。

二〇一七年一月吉日

本川達雄

サンゴのタンゴ（p.30）

作詞作曲：本川達雄

虫はとぶ (p.83)

作詞作曲：本川達雄

マイマイまきまき（p.131）

作詞作曲：本川達雄

棘皮の Take Five (p.170)

作詞作曲：本川達雄

そ ん な し ん ば い かん けい ない かん けい ない
そんなの かんけい ない しょ う エ ネ に て っ す れ ば す
な もたちまち たべものに す な をかむよなじ ん せ い は このよのものとも
おもわれず す な を た べ て りゃ す な を た べ て りゃ
す な を た べ て りゃ こ の よ は てん ご く
ナ マ コ て ん ご く ナ マ コ て ん ご く
ナ マ コ の パ ラ ダ イ ス

ナマコ天国 (pp.222-223)

作詞作曲：本川達雄

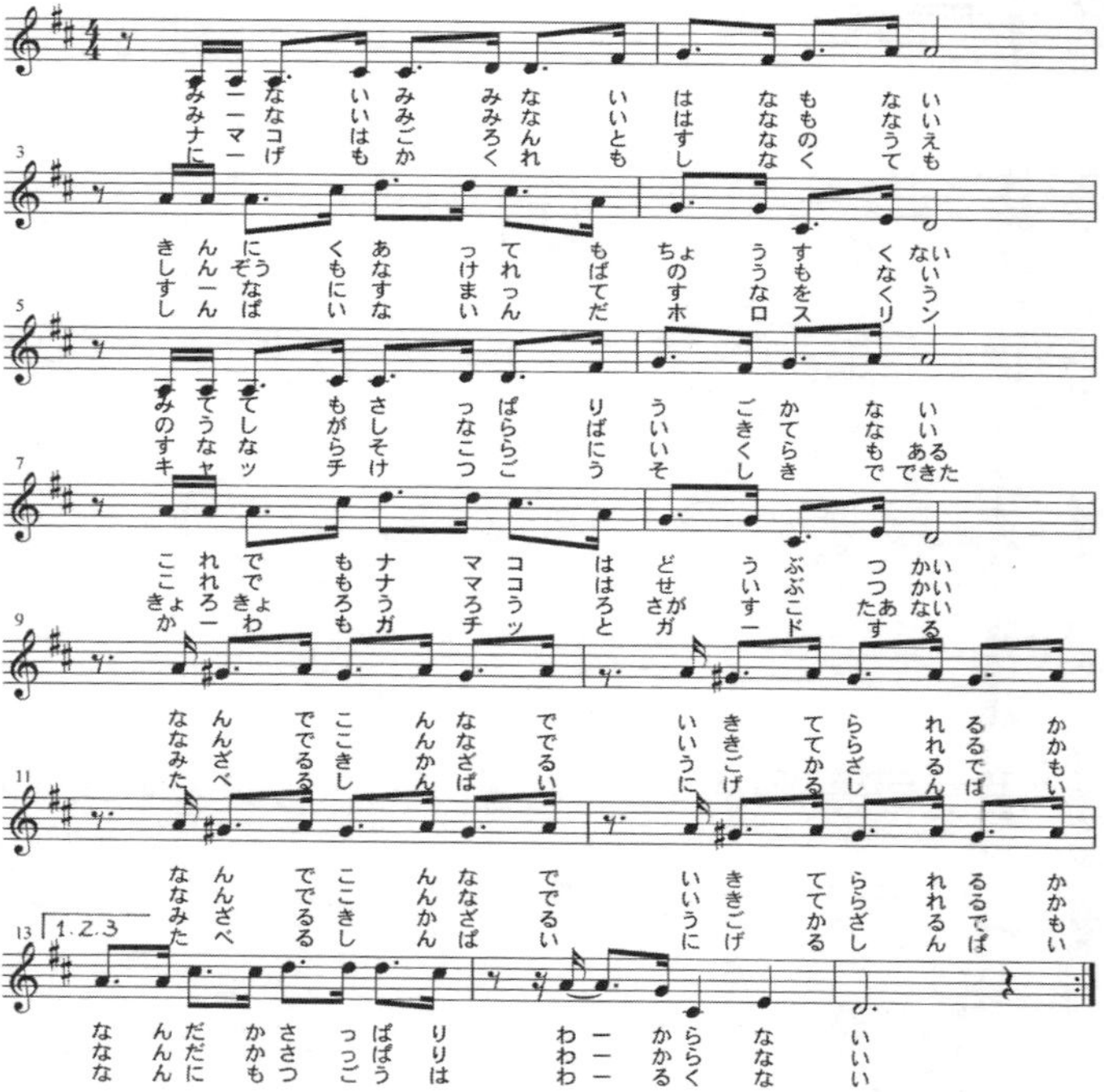

群体マーチ（p.255）

作詞作曲：本川達雄

地上の暮らしは大変だ（p.311）

作詞作曲：本川達雄

本川達雄（もとかわ・たつお）

1948年（昭和23年），仙台に生まれる．
1971年，東京大学理学部生物学科（動物学）卒業．東京大学助手，琉球大学助教授（86年から88年までデューク大学客員助教授），東京工業大学大学院生命理工学研究科教授を歴任，東京工業大学名誉教授．理学博士．
専攻，動物生理学．
著書『ゾウの時間 ネズミの時間』（中公新書，1992）
『歌う生物学 必修編』（CCCメディアハウス，2002）
『ナマコガイドブック』（共著，CCCメディアハウス，2003）
『サンゴとサンゴ礁のはなし』（中公新書，2008）
『世界平和はナマコとともに』（CCCメディアハウス，2009）
『生物学的文明論』（新潮新書，2011）
『「長生き」が地球を滅ぼす』（文芸社文庫，2012）
『おまけの人生』（文芸社文庫，2014）
『生物多様性』（中公新書，2015）
『人間にとって寿命とはなにか』（角川新書，2016）
ほか

ウニはすごい バッタもすごい
中公新書 *2419*

2017年2月25日発行

著　者　本川達雄
発行者　大橋善光

本文印刷　暁印刷
カバー印刷　大熊整美堂
製　本　小泉製本

発行所　中央公論新社
〒100-8152
東京都千代田区大手町1-7-1
電話　販売 03-5299-1730
　　　編集 03-5299-1830
URL http://www.chuko.co.jp/

定価はカバーに表示してあります．
落丁本・乱丁本はお手数ですが小社販売部宛にお送りください．送料小社負担にてお取り替えいたします．

本書の無断複製（コピー）は著作権法上での例外を除き禁じられています．
また，代行業者等に依頼してスキャンやデジタル化することは，たとえ個人や家庭内の利用を目的とする場合でも著作権法違反です．

©2017 Tatsuo MOTOKAWA

Published by CHUOKORON-SHINSHA, INC.
Printed in Japan　ISBN978-4-12-102419-0 C1245

中公新書刊行のことば

一九六二年一一月

いまからちょうど五世紀まえ、グーテンベルクが近代印刷術を発明したとき、書物の大量生産は潜在的可能性を獲得し、いまからちょうど一世紀まえ、世界のおもな文明国で義務教育制度が採用されたとき、書物の大量需要の潜在性が形成された。この二つの潜在性がはげしく現実化したのが現代である。

いまや、書物によって視野を拡大し、変りゆく世界に豊かに対応しようとする強い要求を私たちは抑えることができない。この要求にこたえる義務を、今日の書物は背負っている。だが、その義務は、たんに専門的知識の通俗化をはかることによって果たされるものでもなく、通俗的好奇心にうったえて、いたずらに発行部数の巨大さを誇ることによって果たされるものでもない。現代を真摯に生きようとする読者に、真に知るに価いする知識だけを選びだして提供すること、これが中公新書の最大の目標である。

私たちは、知識として錯覚しているものによってしばしば動かされ、裏切られる。私たちは、作為によってあたえられた知識のうえに生きることがあまりに多く、ゆるぎない事実を通して思索することがあまりにすくない。中公新書が、その一貫した特色として自らに課すものは、この事実のみの持つ無条件の説得力を発揮させることである。現代にあらたな意味を投げかけるべく待機している過去の歴史的事実もまた、中公新書によって数多く発掘されるであろう。

中公新書は、現代を自らの眼で見つめようとする、逞しい知的な読者の活力となることを欲している。

科学・技術

p1

1843	科学者という仕事	酒井邦嘉
2375	科学という考え方	酒井邦嘉
2373	研究不正	黒木登志夫
1912	数学する精神	加藤文元
2007	物語 数学の歴史	加藤文元
2085	ガロア	加藤文元
2147	寺田寅彦	小山慶太
1690	科学史年表（増補版）	小山慶太
2204	科学史人物事典	小山慶太
2280	入門 現代物理学	小山慶太
2354	力学入門	長谷川律雄
2271	NASA―宇宙開発の60年	佐藤靖
2352	宇宙飛行士という仕事	柳川孝二
1856	カラー版 宇宙を読む	谷口義明
2089	カラー版 小惑星探査機はやぶさ	川口淳一郎
1566	月をめざした二人の科学者	的川泰宣
2239	ガリレオ―望遠鏡が発見した宇宙	伊藤和行
2398 2399 2400	地球の歴史（上中下）	鎌田浩毅
2340	気象庁物語	古川武彦
1948	電車の運転	宇田賢吉
2384	ビッグデータと人工知能	西垣通
2225	科学技術大国 中国	林幸秀
2178	重金属のはなし	渡邉泉

中公新書

医学・医療

q1

中公新書

環境・福祉

r1

自然・生物

s1

2305	生物多様性	本川達雄
503	生命を捉えなおす（増補版）	清水　博
1097	生命世界の非対称性	黒田玲子
2414	入門！進化生物学	小原嘉明
2198	自然を捉えなおす	江崎保男
1925	酸素のはなし	三村芳和
1972	心の脳科学	坂井克之
1647	言語の脳科学	酒井邦嘉
2390	ヒトー異端のサルの1億年	島　泰三
1855	戦う動物園	小菅正夫・岩野俊郎著　島　泰三編
1709	親指はなぜ太いのか	島　泰三
1087	ゾウの時間　ネズミの時間	本川達雄
1953	サンゴとサンゴ礁のはなし	本川達雄
877	カラスはどれほど賢いか	唐沢孝一
1860	昆虫―驚異の微小脳	水波　誠
1238	日本の樹木	辻井達一
2259	カラー版　スキマの植物図鑑	塚谷裕一
2311	カラー版　スキマの植物の世界	塚谷裕一
1706	ふしぎの植物学	田中　修
1890	雑草のはなし	田中　修
1985	都会の花と木	田中　修
2174	植物はすごい	田中　修
2328	植物はすごい　七不思議篇	田中　修
2316	カラー版　新大陸が生んだ食物	高野　潤
1769	苔の話	秋山弘之
939	発　酵	小泉武夫
2408	醤油・味噌・酢はすごい	小泉武夫
1922	地震の日本史（増補版）	寒川　旭
1961	地震と防災	武村雅之
2419	ウニはすごい　バッタもすごい	本川達雄